JN279819

物理学講義

熱 力 学

中央大学名誉教授
理学博士

松下 貢 著

裳 華 房

Lectures on Physics

Thermodynamics

by

Mitsugu Matsushita, Dr. Sc.

SHOKABO

TOKYO

はじめに

　金属でできたものに触れると，冷たく感じる．それに比べて，木製品のおもちゃや家具などは明らかにぬくもりを感じる．これはなぜであろうか．また，熱いお湯と冷たい水を混ぜると，その中間の温かさのぬるま湯になることは経験的によく知っていることである．他方で，私たちの生活の必需品になっている電気冷蔵庫やエアコンでは逆に，外との熱のやり取りによって庫内を冷たくしたり，室内を暖かくしたり涼しくしたりして内と外との温度差をつけている．その仕組みは原理的にはどのように理解できるのであろうか．また，どんな工夫をすればより効率の良い冷蔵庫やエアコンを開発できるのであろうか．熱力学とは，一言でいえば，このような私たちが身の周りで日常的に経験している熱的な現象を定量的に議論する科学の一分野である．熱現象そのものは私たちの周囲に普通に見られるので，熱力学は科学的にも応用上でも非常に重要である．

　大学の物理で最初に学ぶ力学では，主として1粒子や2粒子などごく少数の粒子の運動が問題にされる．巨視的な物体でさえ，質量だけをもつ抽象的な点である「質点」と見なすことが多い．そのため，力学では物体の運動状態やその変化はイメージしやすい．ところが，熱力学ではシリンダーの中の空気やビーカーの中の水，鉄の塊りそのもののように，日常的に出会う巨視的な物体を，質点のように抽象化せずにそのまま「系」と見なす．したがって，熱力学で扱う系は非常に多くの原子・分子からできていることが前提となっており，系全体としての平均的な状態やその変化を定量的に取り扱う．そのため，力学には出て来ない新しい考え方や用語を使わなければならない．

　熱力学では系全体の平均的な状態を指定する量を「状態量」といい，温度や圧力，体積がその例である．この他に重要な状態量として内部エネルギー

があるが，これは系を構成する数多くの原子・分子のエネルギーの総和であると思えばよい．熱力学では，これらの状態量の相互の関係を議論する．

　熱力学は難しいとよく言われる．その第一の理由は熱の本性に関係する．熱も温度と同様，日常的な経験ではよくわかっているつもりでも，科学的にはなかなか厄介である．まず，熱も温度もともに非常に多くの原子・分子が集まった系でしか意味を成さず，力学にはこれらに相当する概念はない．それでも，問題にしている系が熱いか冷たいかを示す温度は，その系の状態量であることは常識でわかる．では，熱はどうか．熱とは，系の温度を上げ下げするなど，系の状態を変えるために外からする操作，または作業に関わるエネルギー量である．したがって，系の中に入ってしまえば，熱としてのアイデンティティーを失って系の内部エネルギーの一部になるだけである．すなわち，熱それ自体は系の状態量ではない．

　それでは熱に関係する系の状態量は何であろうか．確かに温度がその一つではあるが，それだけでは足りないことが日常経験からもすぐにわかる．冷蔵庫からキューブアイスを取り出してコップに入れ，それに水を注ぎかき混ぜて温度を測ると，やがて0℃になることがわかる．そして，氷は周囲から熱を吸収してそのうちに溶けてしまう．ところが，よく知られているように，氷がすっかり溶けて跡形もなくなるまで，温度は0℃のままである．すなわち，コップの中の水と氷の系では熱を外から吸収して氷がどんどん溶けるという状態変化が起きているにもかかわらず，温度は変化していない．これは明らかに熱に関係する系の状態量は温度だけでは不十分であり，別の状態量が必要であることを示している．そこで導入された状態量がエントロピーである．このエントロピーが直観的にわかりにくいことが熱力学を難しくしている主な原因なので，エントロピーに関しては本文で詳しく説明しよう．

　熱力学が難しいといわれる第二の理由は，数学的な議論があまりにも多いからであろう．系の熱力学的な状態が問題となる場合には，その状態を温度や圧力，体積などの状態量で表すだけでは不十分で，それらを変えたときに

はじめに

状態がどのように変化するかまで調べなければならない．そして，それを定量的に正確に議論するためには，系の状態量のうちのどれかがほんのわずかだけ変化したときに，他の状態量がどれだけ微小に変化するかを，どうしても問題にしなければならない．すなわち，状態量同士の微分が必須になる．しかもほとんどの場合，偏微分を使うことになる．また，温度や圧力などを大幅に増減して系の状態を変えたときに，いろいろな状態量がどれだけ変わるかを調べなければならないことも多い．このような場合には大抵，適当な量を積分しなければならない．理工系の他の分野を学ぶ場合と同様に，熱力学でも微積分は必須なのである．

しかし，ここでひるんではならない．私たちがこれから学ぼうとしているのは熱力学であって，数学ではない．この意味では数学は道具にすぎないので，当分は詳しくわからなくても使えればよい．道具は使っているうちに慣れてくるし，とても便利なことがわかってくるものである．携帯電話の原理もハード，ソフトも全く知らなくても，とても便利に使っているではないか．どうしても数学のことが気になるようなら，使い慣れてからもう一度戻って考えればいい．実を言うと，偏微分は高校のときから学び始めた微分の中でも，非常に簡単な微分であることが使っているうちにわかってくるはずである．ともかく，数学が必要なところではなるべく図を使って，直観的にわかるように説明するし，道具としての使い方も説明する．結局，最も重要なことは熱力学的な考え方の本質を理解することなのである．

本書では熱力学の本質をなるべくわかりやすく説明するように心掛けたつもりである．また，理解をより容易にするために，随所に例題と問題を散りばめた．問題は必ずその前に書かれていることに関連しているので，それを参考にして，まず自分で考えて解いてみることを勧める．すべての問題の解答を巻末に記しておいたので，参考にしてほしい．

21世紀に生きる私たちの最重要課題はエネルギー問題，環境問題であろう．実際，私たちはいつの間にか，ごく普通の生活を続けるのでさえ結構難

しくなるのではないかと思わされるようになってきている．例えば，日頃よく耳にする言葉をとっても，ヒートアイランド，グリーンハウス効果，グローバルウォーミングなどがある．私たちは聞こえの良いカタカナ語の見掛けなどにとらわれず，その本質的な意味と重要性を理解した上でこれらの問題の解決に向けて努力しなければならない．そのためには，熱力学の基本的な考え方の理解なくして進むことはできない．

　初稿の段階で丁寧に原稿を読んでいろいろと貴重なコメントをいただいた宗行英朗，山崎義弘の両氏に深く感謝する．もちろん，まだ残っているかもしれない誤りなどはすべて筆者の責任であり，読者諸氏のご指摘により修正していきたいと思う．遅筆な筆者を暖かく督促し，激励していただいた裳華房編集部の小野達也，石黒浩之の両氏に心からのお礼を申し上げる．特に，これからの教科書の在り方についての小野氏の熱意には常日頃感服している．その上に，彼のいくつもの具体的な提案で大変お世話になったことをここに記して謝意を表する．また，乱筆の原稿を MS Word 2007 原稿にする面倒な作業をしてくれた妻 淑子に感謝したい．

　　2009 年 中秋

松　下　　貢

はじめに

　本書の流れを図に示しておく．熱力学は日頃経験する常識的な熱の振舞いからスタートするが，科学としてはすっかり体系化された分野である．そのために，初学者として熱力学を理解するためには，途中で横着しないで一歩一歩着実に学ばなければならない．

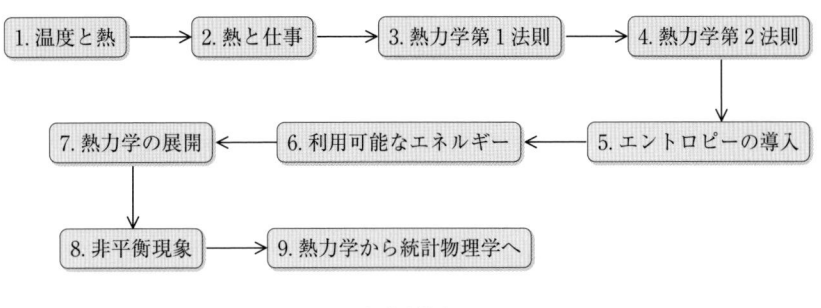

```
1. 温度と熱 → 2. 熱と仕事 → 3. 熱力学第1法則 → 4. 熱力学第2法則
                                                      ↓
7. 熱力学の展開 ← 6. 利用可能なエネルギー ← 5. エントロピーの導入
      ↓
8. 非平衡現象 → 9. 熱力学から統計物理学へ
```

本書の流れ

目　　次

1. 温度と熱

1.1　系の熱力学的な表し方 …………………………………………… *1*
1.2　熱平衡状態と温度 …………………………………………………… *2*
1.3　熱量 …………………………………………………………………… *6*
　　1.3.1　熱容量と比熱 ………………………………………………… *8*
　　1.3.2　潜熱 …………………………………………………………… *9*
　　1.3.3　熱量は保存するか …………………………………………… *12*
1.4　状態量と状態方程式 ……………………………………………… *13*
　　1.4.1　状態量 ………………………………………………………… *13*
　　1.4.2　示強性状態量と示量性状態量 ……………………………… *14*
　　1.4.3　状態方程式 …………………………………………………… *15*
1.5　準静的過程と可逆過程 …………………………………………… *18*
1.6　まとめとポイントチェック ……………………………………… *23*

2. 熱と仕事

2.1　仕事の熱への変化 ………………………………………………… *26*
2.2　仕事量と熱量の関係 ……………………………………………… *27*
2.3　エネルギー保存則 ………………………………………………… *28*
2.4　第1種永久機関 …………………………………………………… *30*
2.5　まとめとポイントチェック ……………………………………… *31*

目次

3. 熱力学第1法則

- 3.1 仕事 ……………………………………………… *34*
- 3.2 理想気体がする仕事 ……………………………… *38*
- 3.3 熱力学第1法則 …………………………………… *40*
- 3.4 いろいろな熱力学的過程 ………………………… *42*
- 3.5 簡単な数学的準備 ………………………………… *46*
  - 3.5.1 1変数関数の微小変化 ……………………… *46*
  - 3.5.2 2変数関数の微小変化 ……………………… *48*
- 3.6 熱容量 ……………………………………………… *50*
- 3.7 理想気体の熱力学的性質 ………………………… *54*
- 3.8 まとめとポイントチェック ……………………… *61*

4. 熱力学第2法則

- 4.1 カルノー・サイクル ……………………………… *64*
- 4.2 カルノー・サイクルの考察 ……………………… *72*
- 4.3 カルノー機関の効率（1） ………………………… *74*
- 4.4 熱力学第2法則 …………………………………… *76*
- 4.5 カルノーの第1定理 ……………………………… *78*
- 4.6 カルノー機関の効率（2） ………………………… *80*
- 4.7 熱力学的絶対温度 ………………………………… *82*
- 4.8 まとめとポイントチェック ……………………… *83*

5. エントロピーの導入

- 5.1 カルノー機関での保存量 ………………………… *85*
- 5.2 クラウジウスの関係式 …………………………… *87*
- 5.3 新しい状態量としてのエントロピー …………… *91*
- 5.4 エントロピーの物理的意味 ……………………… *95*

5.5 まとめとポイントチェック ………………………………… *101*

6. 利用可能なエネルギー

6.1 熱力学第1法則 ……………………………………………… *104*
6.2 断熱過程（エントロピー S：一定）……………………… *106*
6.3 等温過程（温度 T：一定）………………………………… *106*
6.4 等圧過程（圧力 p：一定）………………………………… *107*
6.5 等温等圧過程（T, p：一定）……………………………… *108*
6.6 まとめとポイントチェック ………………………………… *110*

7. 熱力学の展開

7.1 内部エネルギー ……………………………………………… *111*
7.2 ヘルムホルツの自由エネルギー …………………………… *115*
7.3 エンタルピー ………………………………………………… *120*
7.4 ギブスの自由エネルギー …………………………………… *123*
7.5 相平衡 ………………………………………………………… *126*
   7.5.1 相図と相平衡 …………………………………………… *126*
   7.5.2 ギブスの相律 …………………………………………… *129*
   7.5.3 クラペイロン – クラウジウスの式 …………………… *131*
7.6 まとめとポイントチェック ………………………………… *135*

8. 非平衡現象

8.1 可逆過程と不可逆過程 ……………………………………… *138*
8.2 カルノーの第2定理 ………………………………………… *140*
8.3 不可逆機関のエントロピー変化 …………………………… *142*
8.4 クラウジウスの不等式 ……………………………………… *143*

- 8.5　エントロピー増大の原理 ································· *146*
- 8.6　系の熱力学的な安定性 ··································· *148*
- 8.7　不可逆過程の熱力学 ····································· *152*
- 8.8　まとめとポイントチェック ······························· *154*

9. 熱力学から統計物理学へ
― マクロとミクロをつなぐ ― ······························ *155*

付　録
  付録A　クラウジウスの原理とトムソンの原理の等価性······ *157*
  付録B　ヤコビ行列式とその性質 ····························· *159*
あとがき ··· *163*
問題解答 ··· *166*
索　引 ··· *176*

1 **温度と熱** → 2 熱と仕事 → 3 熱力学第1法則 → 4 熱力学第2法則 → 5 エントロピーの導入 → 6 利用可能なエネルギー → 7 熱力学の展開 → 8 非平衡現象 → 9 熱力学から統計物理学へ

1 温度と熱

> **学習目標**
> - 熱容量，比熱，潜熱を復習する．
> - 状態量とは何かを説明できるようになる．
> - 状態方程式とは何かを理解する．

　私たちは日常生活の中で，例えば熱いものに触れると反射的に手を引っ込めるし，冷たいものに触れたときも同様である．このとき，私たちは手や皮膚に分布する温覚や冷覚を支配する末梢神経を通して温たかさ，冷たさを感じている．この感覚を客観的に数値化したのが温度である．経験的には，よく知られているように，1気圧の下で水が氷になる氷点，あるいは氷が溶けて水になる温度を0℃，また，1気圧の下で水が沸騰する温度を100℃と決めている．

　他方で，熱いものと冷たいものとをくっつけると，熱かったものは冷え，冷たかったものは温かくなって，両方とも同じ温度に落ち着くことはやはり日常的によく経験することである．また，寒い冬の日の屋外で冷えた手をこすり合わせると暖かくなることは誰もが知っている．さらに，自転車のタイヤに空気を入れていると，空気入れの下のポンプの部分がいつのまにか熱くなっていることに気付いたことのある人も多いであろう．これらの現象はすべて温度の変化をともなう，熱の発生と移動である．

　以上の現象は日常的にはあまりにも普通に経験することなので，温度と熱はほとんど区別されることがない．しかし，科学の一分野としての熱力学は温度と熱をはっきりと区別することから始まる．

1.1　系の熱力学的な表し方

　ここでいう系とは，ピストンに閉じ込められた気体，ビーカーやポットなどの容器に入れられた水などの液体，与えられた温度と圧力の下にある鉄の

かたまりなど，安定な状態にある巨視的な物体を表す．

大学で最初に学ぶ力学では，ごく少数の粒子の位置や運動量を時間の関数として記述し，粒子の従う運動方程式を基礎にして議論する．これに対して，アボガドロ数（$N_A \cong 6.02 \times 10^{23}$）程度の非常に多数の原子・分子から成る巨視的物体の状態を記述するためには，それを構成する個々の原子・分子の運動を調べることは当面あきらめ，それらの平均的な性質である温度，体積，圧力，密度などの量を問題にする方が得策である．また，巨視的物体の状態がこれらの量で表されることは経験的にわかっている．熱力学とは，私たちが日常的に接する巨視的な物体の平均的な性質であるこれらの巨視的な物理量の相互関係を議論する科学の一分野であるということができる．

1.2 熱平衡状態と温度

お湯を熱いままに保つのに家庭で使っている図1.1のようなポットやジャーは，要するに外との熱の出入りをなるべく少なくした容器である．熱の出入りをなくすことを**断熱**するという．したがって，断熱のよい容器は温水だけでなく，冷水を保存するのにも役立つ．

断熱の非常によい容器にお湯を注いでしばらく放置すると，中の水は温度などがほとんど変化しない状態に落ちつく．この状態は誰がどのように準備したかなどによらない，客観的な状態である．このような，巨視的に見て熱的に一定で不変な状態を**熱平衡状態**という．ここで「巨視的に見て」ということが重要なポイントで，熱平衡状態にある系は巨視的には動きは見られないが，微視的には系を構成する原子・分子はものすごい速さで動き回っている．

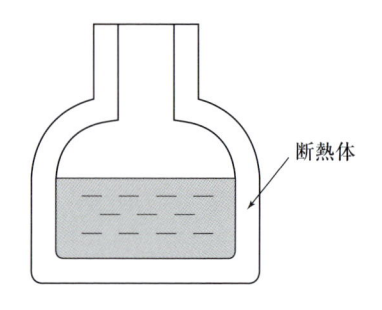

図1.1 ポット（断熱体でできた容器）

1.2 熱平衡状態と温度

　棒状の物体の両端の温度が違うと，物体の中を熱が流れる．さらに，空気や水などの気体や液体では両端の圧力が違うと，これらの物体そのものが流れる．そのために，気体と液体を総称して流体といい，その振舞いを議論する科学の分野を流体力学という．このように，巨視的に見て系内で熱や物質の流れがある場合には，系は明らかに熱平衡状態にない．このような状態を**非平衡状態**という．これからは特に断らない限り，熱平衡状態にある系を問題にする．

　初めに，温度の異なる二つの物体（系）が別々に熱平衡にあるとしよう．これらの物体を静かに接触させると，冷たかった方は温まり，熱かった方は冷えて両者は熱平衡状態に落ち着く．このとき，熱は熱い方から冷たい方に移動する．これは日常的にもよく経験することで誰もが疑わない．逆に，テーブルの上に静置され，周囲と同じ温度の水が周囲から勝手に熱を奪って沸騰したり，周囲に勝手に熱を与えて氷になるなどといったことは未だかつて誰も見たことがないし，誰も信じない．

　二つの物体（系）AとBがお互いに熱平衡状態にあるとき，これをA〜Bと記そう．そうすると，三つの物体A, B, CについてA〜B, B〜CならばA〜Cである：

$$A \sim B, \ B \sim C \ \rightarrow \ A \sim C \tag{1.1}$$

ここでの矢印「X → Y」は「XならばYである」ことを表す．(1.1)は私たちの経験から見出された法則（経験則）であって，**熱力学第0法則**とよばれることがある．(1.1)はまた，物体（系）の大きさにはよらない，温かさの度合いを表す共通の性質があることを示唆している．それを私たちは温度と定義しているわけである．したがって，熱力学第0法則は，温度という量が存在するということを主張していると見なすことができる．

　物体（系）A, Bの温度をそれぞれT_A, T_Bと記すと，AとBが熱平衡状態にあれば，両者の温度は等しい：

$$A \sim B \ \leftrightarrow \ T_A = T_B \tag{1.2}$$

ここでの矢印「X ↔ Y」は「X と Y は等価である」ことを表す．したがって，(1.1) より

$$T_A = T_B, \ T_B = T_C \ \rightarrow \ T_A = T_C \tag{1.3}$$

が得られる．こんなことは数学的には当り前だと思うかもしれないが，現実には必ずしもそうではない．なぜなら，二つの系 A と C を接触させることが実際には不可能であっても，簡単に持ち運びできる物体 B を使えば，A と C が同じ温度かどうか調べられることも表しているからである．日常使っている温度計とは，まさしくこの B のような働きをするものなのである．

二つの物体（系）A と B は異なった熱平衡状態にあるとして，これらを接触させると，一方から他方に熱の移動が起きる．このとき，A が熱を失ってそれを B が受け取ったとすると，A の初めの温度は B より高い $(T_A > T_B)$. さらにもう一つの物体 C の温度 T_C が T_B より低い $(T_B > T_C)$ とき，$T_A > T_C$ である：

$$T_A > T_B, \ T_B > T_C \ \rightarrow \ T_A > T_C \tag{1.4}$$

これらはすべて，日常的な経験では当り前であろう．

温度は日常的に使っているので何の問題もないと思うかもしれないが，これからの議論のためには，はっきりと定義しておく必要がある．私たちが日常的に使っている温度は**経験温度**とよばれ，特に摂氏温度スケール t [℃] がよく使われる．これは

1 気圧，水と氷の熱平衡系： $t = 0$ [℃]
1 気圧，沸騰中の水 　　　： $t = 100$ [℃]
（1 気圧の下で水と水蒸気が熱平衡にある）

として，温度を等間隔に目盛る．

ところで，容器中に n [mol] の気体があり，それが極端な高圧や極端な低温にない限り，その気体の圧力 p, 体積 V と温度 t の間には

$$pV = nR(t + 273.15) \tag{1.5}$$

という関係が気体の種類によらず成り立ち，これを**ボイル‐シャルルの法則**

という．ここで R は気体の種類によらない普遍的な定数であり，**気体定数**とよばれる．すなわち，縦軸に pV/n を，横軸に t をとっていろいろな気体についての実験結果をプロットすると，図1.2のように，気体の種類によらず，傾き R の一つの直線が得られるというわけである．

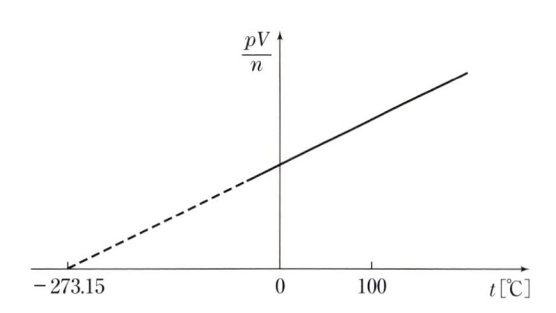

図1.2 気体の種類によらない圧力 p，体積 V と温度 t の関係

この直線は温度 t が -273.15 ℃で横軸と交わり，そのとき pV がゼロになってしまう．このようなことは現実には起こり得ず，通常の気体はその前に液体になるし，もっと低温にすると固体に変わる．それでも -273.15 ℃より上のすべての温度範囲で (1.5) に従うような仮想的な気体を考えてそれを**理想気体**とよび，その温度 T を

$$T = t + 273.15 \tag{1.6}$$

と定義しておくと何かと便利である．

このように定義した温度を**理想気体温度**といい，単位は K（ケルビン）で，目盛りの間隔は経験温度の℃と同じにしておく．この理想気体温度を使って (1.5) を書き直すと，

$$pV = nRT \tag{1.7}$$

という簡潔な形に表される．これは (1.5) のボイル‐シャルルの法則と内容は同じであるが，特に**理想気体の状態方程式**という．これは今後しばしば使うことになるので，1.4節で詳しく議論する．理想気体温度 T は日常的な経験温度 t より科学的であるが，それでも経験温度の一種である．

以上の経験温度に対して，熱力学では**熱力学的絶対温度**という温度を使う．

これは第4章で詳しく議論する熱力学第2法則から導かれる，科学的根拠のはっきりした温度である．この熱力学的絶対温度は上の理想気体温度と一致することが4.7節で示される．そこで，それまでは混乱を避けるためにこれら二つの温度を区別しないで，熱力学的絶対温度 T [K] を使うことにする．したがって，絶対温度 T [K] と日常的な経験温度 t [℃] の関係はそのまま (1.6) で与えられる．すなわち，絶対温度の零点は -273.15 ℃ であり，水の氷点は 273.15 K，沸点は 373.15 K ということになる．今後，温度の単位が必要な場合にはいつでも K を使うことにする．

例題 1
気体 1 mol は標準状態（1 atm, 0℃）で 22.4 L の体積を占めることが知られている（1 [atm] = 1 気圧）．このことから，気体定数 R を求めよ．

解 $p = 1$ [atm] $= 1.013 \times 10^5$ [Pa = N/m^2], $V = 22.4$ [L], $n = 1$, $T = 273.15$ [K] を (1.7) に代入して

$$R = \frac{1.013 \times 10^5 \times 22.4 \times 10^{-3}}{1 \times 273.15} [(N/m^2) \times m^3/mol \cdot K]$$
$$= 8.31 [J/mol \cdot K]$$

問題 1 20℃ は絶対温度で何 K か．

問題 2 家庭で使われる電熱器のニクロム線は使用時には約 1000 K，電気炉に使われるアーク放電は約 4000 K にもなる．太陽の表面温度はどれくらいかを理科年表などで調べてみよ．

1.3 熱量

前にも記したように，科学としての熱力学は熱と温度をはっきりと区別することから出発する．熱とはエネルギーの一形態であり，物体を構成する原子・分子の乱雑な運動に関係する．私たちが熱を実感する場合を分子論的に

1.3 熱量

考えてみると，摩擦というのはものとものをこすり合せる巨視的な運動による仕事が微視的な原子や分子の乱雑な運動を激しくさせることであり，それでそのものに触ると温かく感じるのである．また，熱いものに冷たいものをくっつけると，熱いものの中の激しい乱雑な運動が冷たいものの中のより静かな原子・分子の運動を少しずつ揺り動かして温かくし，自分自身はそのために前より静かな運動をするようになることに相当する．

このように，私たちが熱を実感するのは，仕事が熱に変わったり，熱が移動する場合である．したがって，例えばここに 1 L, 15℃ の水がビーカーに入れてあるとして，それをヒーターで加熱して，ある量の熱を加えて温度を 20℃ に上げることはできる．他方で，後で記すように，この水に仕事を加えることによっても温度を 15℃ から 20℃ に上げることもできる（ジュールの仕事当量の実験；ジュールは熱量 1 cal が約 4.2 J の仕事量に相当することを示した）．この二つの操作で得られる 1 L, 20℃ の水は全く同じ状態にあり，区別がつかない．したがって，熱や仕事のそれぞれに対して，この水の中に熱はいくら含まれているか，仕事はどれだけかという言い方はできない．このことは，考える系の状態を熱や仕事の量では記述できないことを意味する．

それでは，考えている系に熱や仕事を加えることで変化する，系に固有な状態量は何であろうか．熱も仕事もエネルギーの単位をもつので，これはある種のエネルギーでなければならない．これも後に記すが，熱力学ではこれを **内部エネルギー** とよんでおり，系の熱力学的状態やその変化を記述する際に最も重要な量の一つである．内部エネルギーとは，数多くの原子・分子から構成される系の全エネルギーである．

こうして，私たちは熱い（構成する原子・分子の乱雑な運動が激しい）ものから冷たい（原子・分子の乱雑な運動が弱い）ものへのエネルギーの流れとして熱を実感しており，それを量的に表したものを **熱量** とよぶ．以上の熱量に対して，温度は熱さ，冷たさの度合いであり，系を構成する原子・分子の乱雑な運動の激しさに関係する．すなわち，熱力学において同じく熱的現

象に関係していても，熱量は分量的な大小に，温度は質的な強弱にかかわる，本質的に異なった用語なのである．

1.3.1 熱容量と比熱

いま，熱力学的な系としてある物体，例えば鉄のかたまりを考えよう．これに熱量 ΔQ を加えると，この物体の温度は上昇する．そこで，温度が ΔT だけ上昇したとしよう．ΔQ が十分小さいときには，ΔQ と ΔT は比例し，

$$\Delta Q = C\,\Delta T \tag{1.8}$$

と表される．比例係数 C はその物体の**熱容量**とよばれ，熱量をカロリー (cal) で測ることにすれば，C の単位は cal/K である．

容易にわかるように，このとき物体の質量を 2 倍に増すと，ある一定の温度だけ上げるのに必要な熱量も 2 倍になる．すなわち，熱容量 C は物体の質量 m に比例する．そこで

$$C = mc \tag{1.9}$$

とおくと，c はそれぞれの物体に固有な物性量となる．この c をその物体の**比熱**といい，その単位は cal/g·K である．例として，水と銅の比熱を以下に示しておく；

$$\text{水}：1.0\,\text{cal/g·K}, \quad \text{銅}：0.09\,\text{cal/g·K}$$

例題 2

10℃の水 20 g と 40℃の銅 40 g を接触させたとき，両者の温度は何度に落ちつくか．

解 最終の温度を t [℃] とする．水が得た熱量は
$$1[\text{cal/g·K}] \times 20[\text{g}] \times (t-10)[\text{K}] = 20(t-10)\,[\text{cal}]$$
であり，銅が失った熱量は
$$0.09[\text{cal/g·K}] \times 40[\text{g}] \times (40-t)[\text{K}] = 3.6(40-t)\,[\text{cal}]$$
水が得た熱量はすべて銅から来るので，上の 2 式は等しくなければならない；
$$20(t-10) = 3.6(40-t)$$
$$\therefore\ t \cong 15\,[\text{℃}]$$

問題 3 20℃の水100gと80℃の水（湯）200gを混ぜると何℃の水が得られるか．

1.3.2 潜　熱

　水は水分子（H_2O）から成り，液体の状態にある．この水を1気圧の下で温度を0℃以下に冷やすと氷になることは誰もが知っている．氷は水分子が規則的に配列した結晶であり，固体の状態にある．この意味では，水は氷の状態で規則正しく配列していた水分子がバラバラになった状態であり，両者は本質的に異なった状態と見なされる．

　他方，水を1気圧の下で100℃に加熱すると，沸騰して水蒸気になる．水蒸気は空気と同じく気体である．気体の状態でも，それを構成する分子がバラバラである点では液体と同様である．ただし，気体は液体に比べて密度が低く，ビンなどの容器に入れておいても，その口が開いていると自由に逃げ出す．液体ではビンなどの適当な容器を使えばそんなことは起こらない点が気体と異なる．

　このように，物体がどのような状態にあるかを質的に区別する気体，液体，固体の状態を熱力学では**相**といい，それぞれ，**気相**，**液相**，**固相**という．冬の寒い日の朝，前日までの水が氷に変わっていることはよく経験する．このように，液体が固体になるなどの相の変化を**相転移**という．鉄は室温で磁石になっている．この磁石の状態も一種の相であり，強磁性という．ところがこの鉄を770℃以上の温度にすると，磁石の性質が失われた常磁性という相に変わる．これも相転移の一種であり，強磁性相転移という．

　1気圧，0℃以下で氷の状態から出発し，加熱すると，氷の温度は上昇する（図1.3）．そのときの氷の比熱は0℃の近くでは約 $0.5\,\mathrm{cal/g \cdot K}$ である．加熱を続けると，0℃で温度の上昇が止まり，氷が水に変わり始める．氷がすべて水になる間ずっと加熱を続けなければならず，その間，温度は0℃のまま

である．もちろん，氷がすっかり水になった後も過熱を続けると，水の比熱 $1.0\,\mathrm{cal/g\cdot K}$ でその温度が上昇する．この大まかな様子を図示したのが図 1.3 であり，横軸は加熱している時間，縦軸は温度を表す．この図で横軸の t_1 は氷が融け始めた時刻であり，t_2 は氷がすっかり融けてすべて水になった時刻を表す．この間，系の温度が変わらないことに注意しよう．また，氷の比熱が水の比熱より小さいので，一定の割合で加熱すると氷の方が温まりやすい．そのために図 1.3 の氷の方の温度上昇を表す直線の傾きが，水の方のそれより大きいことにも注意しておく．

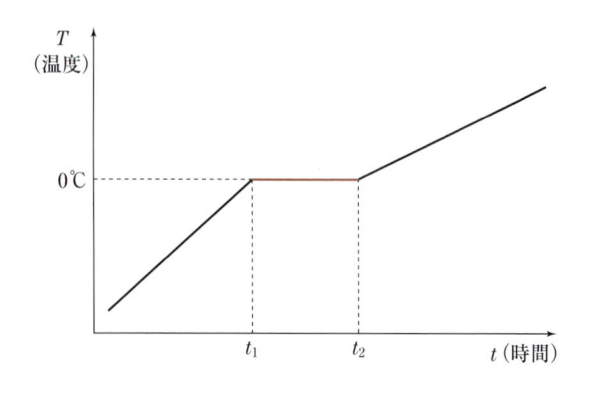

図 1.3 氷を加熱して水にしたときの温度 T の時間変化

このように，氷が水に変わる間に加えられた熱は温度の上昇ではなく，氷という分子が整列した状態（固体の結晶）から水という分子のバラバラな状態（液体）にするのに費やされたのである．固体が液体になる，すなわち固体が融解するときに必要な熱量は **融解熱** とよばれ，そのときの温度を **融点** という．氷と銅について，それぞれの 1 g 当りの融解熱の値を記しておこう；

氷：80 cal/g（0℃），　　銅：50 cal/g（1085℃）

逆に，水の状態から出発して冷却すると，0℃ で温度の下降が止まり，水が氷に変化する．物体を冷却するとは物体から熱量を取り出すことなので，水をすっかり氷に変える間中，温度 0℃ のままで熱を取り出し続けなければならない．このように，液体の物体を固体の状態にする，すなわち凝固するときにそれから取り出さなければならない熱を **凝固熱** といい，そのときの温度を **凝固点** という．ただし，凝固熱，凝固点の値はそれぞれ融解熱，融点の値

1.3 熱量

と等しい．これは融解と凝固がちょうど逆の過程であることから理解できるであろう．

例題 3
　20℃の水を使って 0℃の氷 100 g をすっかり融かし，全体が 0℃の水になるようにしたい．20℃の水は何 g 必要か．

解 必要な水の量を m [g] とする．0℃の氷 100g を 0℃の水にするのに必要な熱量は $100[\text{g}] \times 80[\text{cal/g}]$．20℃の水 m [g] が 0℃になるのに失う熱量は $(20 - 0)[\text{K}] \times 1[\text{cal/g·K}] \times m$．両者が等しいことから，$m = 400[\text{g}]$．

問題 4　-10℃の氷 50 g を 10℃の水に変えるのに必要な全熱量を求めよ．

　水が水蒸気になるなど，液体が気体に変化することを**気化**という．ちょうど沸騰中のやかんのお湯が加熱をやめると沸騰も止まることからわかるように，液体の気化の際にも加熱が必要であり，これを**気化熱**という．水 1 g 当りの気化熱は

$$\text{水の気化熱}: \begin{cases} 583\,\text{cal/g}\ (25℃) \\ 540\,\text{cal/g}\ (100℃, 1\,\text{気圧での沸点}) \end{cases}$$

である．夏の暑い日に家の庭などに水をまく（打ち水という）と涼しく感じるのは，水が蒸発して周囲から熱を奪うからである．

例題 4
　100℃で 100 g のお湯をすっかり蒸発させるのにはどれだけの熱量が必要か．このとき，500W の電熱器を使うとどれだけの時間がかかるか．

解 100℃での水の気化熱より，必要な熱量は
$$540[\text{cal/g}] \times 100[\text{g}] = 54000[\text{cal}]$$
電熱器の消費した電力がすべて熱に変わったとし，それがすべて水の沸騰に使われたと仮定する．水が全部蒸発するのに t [s]（s：秒）かかったとすると，その間に電熱器が出した熱量は，ジュールの仕事当量より $1[\text{cal}] \fallingdotseq 4.2\,[\text{J}]$ なので

$$500[\mathrm{W = J/s}] \times t\,[\mathrm{s}] \times \frac{1}{4.2}\,[\mathrm{cal/J}] = \frac{500\,t}{4.2}[\mathrm{cal}]$$

これが沸騰に必要な全熱量に等しいことより

$$\frac{500\,t}{4.2} = 54000, \qquad \therefore\ t \cong 450[\mathrm{s}]$$

問題 5 1気圧で80℃の水500gをすっかり沸騰し尽すのに必要な熱量はいくらか．

　以上のように，物体の融解熱や凝固熱，気化熱など，温度が一定の下で相が変化する際に吸収したり，放出したりする熱量を**潜熱**という．物体が熱を吸収したり，放出したりするのにもかかわらず，温度が変わらないのでこのようによぶのである．

1.3.3 熱量は保存するか

　力学では質点系のエネルギー，運動量，角運動量の保存則がいかに重要な役割を果すかを学ぶ．電磁気学でもその基礎方程式であるマクスウェル方程式を詳しく考察すると，その中にエネルギー，運動量，電荷の保存則が隠されていることがわかる．それでは，熱量は保存するであろうか．

　熱はエネルギーの一種であり，前節までの例題や問題では明らかにそれが保存することを前提にしている．しかし，すでに記したように，手をこすり合わせて温めたりした場合やジュールの仕事当量の実験では，仕事が熱に変わっている．また，これも第4章で詳しく議論する熱機関では高温の熱源からある量の熱を取り出して，より少量の熱を低温熱源に渡し，その差額を仕事として取り出すのである．暑い夏の日に使うエアコンはちょうどこの逆の操作をしていて，部屋から熱を室外にくみ出す．

　これらの例では，いずれも熱量だけをみると保存していない．すなわち，熱量は一般に保存しないのである．これが以前に議論した，熱や仕事が系の

状態を指定する量ではあり得ない理由でもある．ただ，熱が移動するだけで他の形のエネルギーに変わらない場合には，エネルギー保存則の大原則から熱量が保存するのである．高校で学んだ多くの場合や，前節までの例題と問題はすべてこの場合に相当する．

1.4 状態量と状態方程式

1.4.1 状態量

例えば温度のように，熱平衡状態にある物体（系）を特徴づける量を**熱力学的状態量**という．常識的に考えてわかるように，物体（系）の温度 T，体積 V，圧力 p は代表的な状態量である．ただし，物体（系）の状態量はこれだけに限らない．物体を構成する原子・分子の総数 N も状態量であるし，とりわけ以前に議論した系の内部エネルギー E は今後の議論に中心的役割をする重要な状態量である．また，物体の質量 M はそれに含まれる分子数 N に比例するので，これも状態量である．ただし，今後は断らない限り，N を一定として議論する．したがって，(1.7) などにあるモル数 n も一定と見なされる．

熱量 Q や仕事量 W は系の状態を指定できるような量でないことは前に記したが，重要なことなのでここでもう一度強調しておく．力学において，1 kg の物体を 1 m 持ち上げたとすると，その物体にそれだけの仕事をしたことになる．しかし，だからと言ってその物体がそれだけの仕事量をもっている状態にあるということはできない．なぜなら，その物体は初めからそこにある物体や，もっと低い所から持ち上げられた物体と何ら変わりがないからである．すなわち，力学での仕事は物体の力学的な状態を変えるための操作または作業であって，物体の状態そのものを指定するわけではない．熱力学でも事情は同じであって，例えば，ピストンに力を加えてシリンダーの中の空気に仕事をすると，中の空気の体積などの状態が変わる．このように，

仕事は系の熱力学的状態を変えるための操作であって，仕事量 W は状態量ではない．系への操作である仕事に関連した系の状態量は，系の圧力 p と体積 V である．これは後で詳しく議論する．

熱量 Q が熱力学的状態量でないことは前に詳しく議論したとおりである．それでは，熱に関係する系の状態量は何であろうか．確かに温度 T がその一つではあるが，それだけでは足りないことが日常経験からもすぐにわかる．例えば，コップの中に水と氷を一緒に入れたような系では，熱を外から吸収して氷がどんどん融けるという状態変化が起きているにもかかわらず，温度は 0℃ のままで変化しない．これは氷の融解熱という潜熱のためであることは前に記した．この事実は，熱に関係する系の状態量は温度 T だけでは不十分であって，潜熱のような量を表す別の状態量が必要であることを示している．そこで導入されたのがエントロピー S なのである．エントロピーに関しては第 5 章で詳しく説明する．他にも重要な状態量はいくつかあるが，今後その都度導入する．

1.4.2　示強性状態量と示量性状態量

熱力学的状態量には大きく分けて 2 種類ある．これは体積 V のように系の大きさに比例する**示量性状態量**と，温度 T のように大きさにはよらず性質の強弱の度合いを表す**示強性状態量**である．

示量性状態量と示強性状態量の区別は熱力学の議論には重要であるが，それ自体は簡単なことである．1 気圧，20℃ の室内で，ビーカーに 1 L の水が入っていて，周囲と熱平衡状態にあるとしよう．このビーカーにさらに同じ温度の水 1 L を静かに注いでも，室内の圧力や温度は変化しないが，水の体積は合わせて 2 L となる．もちろん，そのときの内部エネルギーや水の分子数，質量は 1 L の水の 2 倍になっている．このように，これまでに記した状態量についていうと，系の体積 V，内部エネルギー E，分子数 N，質量 M，エントロピー S などは示量性状態量であり，温度 T，圧力 p は示強性状態量

である．系の密度 ρ は $\rho = M/V$ と定義され，これは示量性状態量の比なので示強性状態量である．実際，上の水の例で言えば，体積が合わせて 2L となった後でも，その密度 ρ はもとの値と変わりがない．

1.4.3 状態方程式

このように，系の状態を記述する状態量はいくつも考えられる．しかし，それらはすべてお互いに勝手な値をとる独立な量というわけではない．実際，例えば前にも記したように，体積 V の容器に閉じ込められた温度 T，圧力 p の理想気体の状態量 T, V, p の間には

$$pV = nRT \tag{1.10}$$

という関係が成り立つ．ここで n は考えている気体のモル数 [mol] であり，R は気体定数であって次のような値をもつ：

$$R = 8.3145 \, [\mathrm{J/(mol \cdot K)}] \tag{1.11}$$

例題 5
27℃，2 atm（気圧）の水素ガスが 1 m³ の容器に入れられている．この水素ガスを理想気体と見なして，そのモル数 n を求めよ．

解 $p = 2[\mathrm{atm}] = 2 \times 1.013 \times 10^5 [\mathrm{Pa} = \mathrm{N/m^2}]$，$V = 1[\mathrm{m^3}]$，$T \cong 300[\mathrm{K}]$ を (1.10) に代入して

$$n = \frac{pV}{RT} = \frac{2 \times 1.013 \times 10^5 \times 1}{8.31 \times 300} \left[\frac{(\mathrm{N/m^2})\mathrm{m^3}}{\{\mathrm{J/(mol \cdot K)}\}\mathrm{K}} \right] = 81.3 [\mathrm{mol}]$$

問題 6 標準状態（0℃，1 atm）での窒素 1 mol の体積を求めよ．

経験的には，この例のような容器に閉じ込められた気体だけでなく，熱平衡状態にある物体（系）の熱力学的な性質は常に温度 T，体積 V，圧力 p の三つの状態量で記述できることがわかっている．ただし，理想気体に関する (1.10) でわかるように，これら三つの量はお互いに勝手に変化できるような独立な量ではなく，一つの関数関係

$$f(T, V, p) = 0 \tag{1.12}$$

を満たす．これは三つの状態量 T, V, p の間に成り立つ方程式を表しており，この関係式 (1.12) を**状態方程式**という．特に (1.10) は理想気体の状態方程式とよばれ，状態方程式の中で最も単純なものということができる．

理想気体は熱力学の議論において非常に重要な役割を果たす．その上，その状態方程式 (1.10) が単純なので，これは今後しばしば使うことになる．より現実的な気体の振舞いを記述するものとしては，**ファン・デル・ワールスの状態方程式**

$$\left(p + \frac{n^2 a}{V^2}\right)(V - nb) = nRT \tag{1.13}$$

が有名である．ここで a, b は気体の種類によって決まる定数であり，a は分子間に働く力の効果を，b は分子の体積の効果を表す．この状態方程式は (1.10) と違って，気体と液体の間の相転移をも記述する優れものである．

> ここはポイント！

上述のように，状態方程式 (1.12) は気体だけについて成り立つものではなく，物体（系）として水であっても，銅などの固体のかたまりであってもかまわない．(1.12) は三つの状態量 T, V, p に関する方程式なので，自由に変わることができる独立な状態量は二つだけである．例えばある系で，温度 T と体積 V が与えられていると，圧力 p は自動的に決まってしまう．このことは理想気体の状態方程式 (1.10) の場合を考えれば明らかであろう．

そこで例えば，方程式 (1.12) を p について解くと，これは

$$p = p(T, V) \tag{1.14a}$$

と表される．この式の左辺の p は系の状態量としての圧力を表すが，右辺の $p(T, V)$ は系の別の状態量である温度 T と体積 V の関数を表していることに注意しなければならない．理想気体の場合には (1.10) より $p = nRT/V$ なので，関数 $p(T, V)$ は nRT/V であり，これは確かに変数 T と V の関数になっている．

問題 7 ファン・デル・ワールスの状態方程式 (1.13) の場合の圧力を与える

関数 $p(T, V)$ を求めよ．

(1.14a) は物体 (系) の圧力 p がその温度 T と体積 V を変数とする関数で表されることを意味する．その意味で，この場合の変数 T, V を (熱力学的) 状態変数ということがある．もちろん，方程式 (1.12) をそれぞれ V および T について解くと，状態変数が入れ替って

$$V = V(p, T) \tag{1.14b}$$
$$T = T(p, V) \tag{1.14c}$$

と表されることは言うまでもない．

問題 8 理想気体の状態方程式について，(1.14b)，(1.14c) のそれぞれの右辺の関数を求めよ．

ここで状態方程式について重要な注意をいくつかしておく．まず，独立な状態変数がなぜ二つかということを考えてみよう．直観的には，熱力学で扱う巨視的な物体，例えばブロック状の豆腐は熱さ，冷たさを示す温度 T と大きさを表す体積 V だけで特徴づけられるであろう．確かに豆腐を指で押すと簡単にへこむが，これは圧力を加えたら体積が変化したと考えれば，変数として体積 V の代わりに圧力 p をとっただけのことで，独立な状態変数が二つであることに変わりはない．すなわち，熱力学の熱的な状態量として温度 T が，力学的な状態量として体積 V または圧力 p が代表していると考えればよい．

注目している物体(系)について，その熱平衡状態が(1.12)または(1.14a)〜(1.14c) のような二つの独立な変数の状態方程式によって表されるということは，内部エネルギー E など他の状態量もすべてこの 2 変数で表されることを意味する．熱機関など，系の熱力学的な特性を調べ，利用したり改善したりするような場合に便利な状態量 (後で出てくる自由エネルギー F やエントロピー S など) ももちろんそうである．このように，いろいろな状態量の

相互関係を与えるのが熱力学という分野の最大の役割であり，次の章以下では，これを順々に議論していく．

理想気体の状態方程式 (1.10) と，より現実的なファン・デル・ワールスの状態方程式 (1.13) を見てわかるように，状態方程式の具体的な表式は物体（系）の種類によって異なる．実を言うと，熱力学は熱平衡状態にある物体（系）に状態方程式があることは断言するのであるが，最も単純な理想気体の場合でさえ，その状態方程式の具体的な形を与えてはくれない．状態方程式の具体的な表式を得るためには，その系について実験を行なって測定するか，あるいは系を構成する非常に多くの原子・分子がどのように相互作用しているかを統計的に考察する統計物理学によって理論的に決めなければならないのである．

だからと言って，決して熱力学の価値が低くなるわけではない．それどころか，これから学ぶ熱力学が与えてくれる状態量の間の関係式そのものは厳密に正しいのである．この意味で，たとえどのような物体（系）について熱力学的な実験を行なったとしても，その測定値は必ず熱力学の要請に従わなければならない．

1.5　準静的過程と可逆過程

前節の状態方程式 (1.12) や (1.14a)〜(1.14c) は系の熱平衡状態を記述するので，その場合にだけ意味があり，系内に熱流や気体・液体の流れがあるような平衡でない状態（非平衡状態という）の場合には成り立たない．また，系と外との間に熱や仕事を出入りさせてその前後の系の状態量の変化を調べるような場合には，系の熱平衡状態を大きく乱すような非平衡状態を引き起こしてはいけない．例えば，系に仕事を急激に加えたりすると，その一部が無駄になって系の有効な状態変化に使われず，実際にした仕事と系の状態変化との間の関係を付けられなくなるからである．したがって，このような場

1.5 準静的過程と可逆過程

合の状態変化は非常にゆっくりした操作で実行しなければならない．系の状態変数を変える場合に，その途中のどの段階でも熱平衡状態が保たれているような，ゆっくりした操作過程を**準静的過程**といい，これは理想化された過程である．例えば，図1.4のように，シリンダーの中に閉じ込められた気体の体積を変えるとき，準静的過程は非常にゆっくりなので，気体の圧力 p はピストンに加える外からの圧力 p' と等しいと見なしてよい．

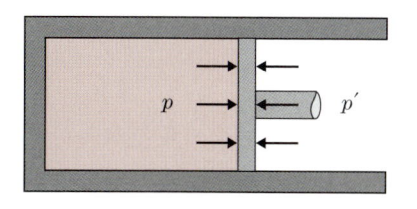

図1.4 シリンダーに閉じ込められた気体の圧力 p とピストンによる外からの圧力 p'

次に，準静的過程によって系のある熱平衡状態から別の熱平衡状態に移ることを考えてみよう．熱平衡状態は二つの独立な状態量で表されるので，それをここでは温度 T と体積 V とし，状態方程式（1.14a）が成り立っている場合を例にして，図形的に考えてみる．

図1.5のように，二つの独立な状態変数 T と V をそれぞれ x，y 軸に，p を z 軸にとる．この座標系で (T,V) 平面の1点 (T_0,V_0) を与えると，（1.14a）

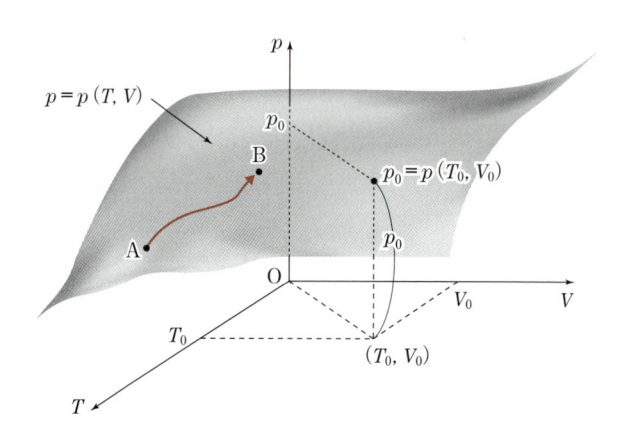

図1.5 状態曲面 $p = p(T,V)$

によって p の値 $p_0 = p(T_0, V_0)$ が一つ決まる．そこで，その値を点 (T_0, V_0) からの高さとして 1 点 $p_0 = p(T_0, V_0)$ をプロットする．このようにして，(T, V) 平面上の点をくまなく辿って p の値をこの空間内にプロットすると，図 1.5 のように一つの曲面が得られるであろう．すなわち，状態方程式 (1.14a) は 3 次元 (T, V, p) 空間中の一つの曲面を表す方程式と見なすことができる．これは他の状態方程式 (1.14b)，(1.14c) でも同じことであり，平面 (p, T) から見るか，平面 (p, V) から見るかの違いだけである．この曲面を状態曲面とよぶことにする．

この状態曲面上の 1 点は一つの熱平衡状態を表す．そこで図 1.5 に示してあるように，状態曲面上に 2 点，状態 A と状態 B をとり，その間を準静的過程で結ぶ．ただし，この状態の移行を状態曲面上で表すのは面倒なので，今後はこれを簡略化して図 1.6 のように平面上で表すことにする．このとき，途中の操作が非常にゆっくりなので，途中のどの微小な間隔の過程でも逆行できることになる．結果として，図 1.6(a) に示してあるように，状態 A から B への準静的過程（実線で示してある）は，B から A へ状態曲面のコース（1 点鎖線）を準静的にそのまま逆行できる．この特性を可逆といい，可逆性が準静的過程の最も重要な特徴である．

状態曲面上の二つの状態 A と B を結ぶという意味では，図 1.6(b) のように，コースはいくらでも考えられる．したがって，図 1.6(c) のように，準静

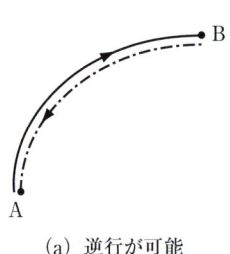

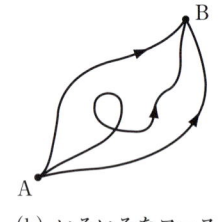

| (a) 逆行が可能 | (b) いろいろなコース | (c) 可逆過程 |

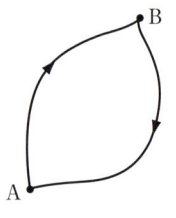

図 1.6 準静的過程

1.5 準静的過程と可逆過程

的過程によって状態 A から出発して B に至り，別のコースを辿って元の状態 A に戻ることも可能である．このとき，考えている系がすっかり元の状態 A に戻っただけでなく，この系の外に何の影響も残さないならば，このような操作過程を**可逆過程**という．熱力学で可逆過程というとき，必ずしも図 1.6(a) のような同じコースを逆行する必要はなく，通常は図 1.6(c) のような場合が考慮されていることに注意しなければならない．

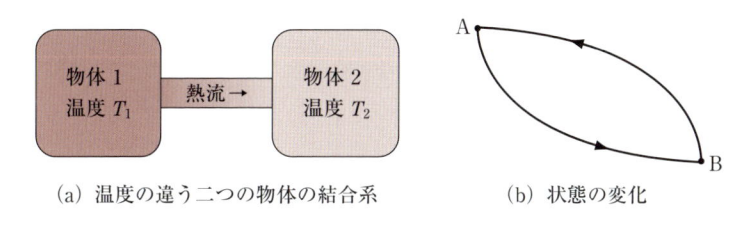

> ここは
> ポイント！

(a) 温度の違う二つの物体の結合系   (b) 状態の変化

図 1.7　不可逆過程

可逆過程だけではわかりにくいかもしれないので，系が元の状態にすっかり戻ったときに系の外に影響が残ってしまうような場合(**不可逆過程**という)を考えてみよう．二つの物体 1, 2 が別々に孤立していて，それぞれの温度が T_1, T_2 ($T_1 > T_2$) であったとしよう．この初めの状態を図 1.7(b) の状態 A とする．この二つの物体を図 1.7(a) のように棒状の熱伝導体でつなぐと，物体 1 から 2 への熱の流れが起こり，最終的に二つの系の温度は T_1 と T_2 の中間の値に落ち着いて熱平衡状態に達する．これが図 1.7(b) の状態 B である．この状態 B から A に戻すには，エアコンなどのヒートポンプを使って物体 2 の熱を無理やり物体 1 に移さなければならない．すなわち，ヒートポンプの運転という，外からの仕事を必要とし，系の外にはっきりした影響を残すことになる．これはひとえに，状態 A から B への過程が不可逆過程であったためである．

　室内のテーブルの上に置いたコップの中のお湯は冷めて，いずれ室温に落

ち着く．これは日常的に経験している当り前のことで，コップの中の水が周囲から勝手に熱を集めてお湯になったり，逆に周囲に自発的に熱を吐き出して氷になったりすることはない．熱流は温度差があるときに常に高温から低温に向けて起こり，その逆は起こらない．すなわち，熱の流れは不可逆過程である．ところが図1.6(c)の場合では，状態Aから出発して再びAに戻るすべてにおいて準静的過程であって，元に戻った後には系外に影響を全く残すことがなく，可逆過程である．

例えば，図1.7(a)の場合でも，物体1と2を熱伝導体で直接つながないで，物体1からの熱エネルギーを一部は熱として物体2に流し，一部は外の仕事に回しておもりを持ち上げ，2物体間の温度差を少しずつ減らす．これはちょうど温度差を仕事に変える火力発電所などの熱機関がしていることに相当する．次に，持ち上げたおもりを少しずつ下げることで前にしただけの仕事量を使って，物体2から物体1に熱を少しずつ移して温度差をつける．これは熱機関の逆運転に相当し，エアコンの働きと本質的に同じである．このような工夫をすると，図1.7(b)の状態AとBの間を準静的過程あるいは可逆過程で行き来できる．これは熱力学の本質に関わることであり，電気冷蔵庫やエアコンなどの効率の良い熱機関を作ることにも関係することなので，第4章で詳しく議論する．

図1.7の例のように，状態AからBまでの途中の過程で系の中に温度差や密度差があると，系内で熱や物質の流れが生じる．このような場合には，系内で不可逆過程が起きていて系は熱平衡状態にはなく，系の熱力学的な状態がきちんと定義できない．したがって，途中の不可逆過程は厳密に言うと準静的過程のコースのように状態曲面上に描くことができないことになってしまう．それでも初めの状態Aと終わりの状態Bははっきりしているし，途中の不可逆性があまり強くなければ大体のコースは描けるであろう．図1.7(b)の状態AからBへ結んだ線は，そのような意味で描かれていることを注意しておく．

1.6 まとめとポイントチェック

　ここまでが熱力学を学ぶための準備である．新しく耳慣れない用語がたくさん出てきたためにとまどったかもしれない．しかし，読み直してみると，日常的に経験している熱の関わった現象が議論されているにすぎないことがわかるであろう．一見難しそうな用語もこれからの議論の道具にすぎない．道具は使い慣れると便利なことはよく知っているはずである．用語自体に惑わされることなく，何が問題なのかを考えることが重要なのである．

　また，今後はことわらない限り，状態変化させるときはすべて準静的に行なう．前に注意したように，準静的過程は限りなくゆっくりした理想的な過程である．したがって，準静的過程で冷蔵庫やエアコンを運転していたのでは実用的には使い物にならない．しかし，科学の基礎を固めるためにはまず理想的な条件下で何が確実に言えるのかをはっきりさせなければならない．力学で空気の抵抗や斜面の摩擦を無視して物体の運動を考えるのはそのためである．熱力学も例外ではなく，熱機関などの機械部分に使われている回転軸などの摩擦とか，作業物質に使われる気体や液体の粘性によるエネルギー損失などの不可逆過程は一切起こらないとする．このような理想的な準静的過程によって状態変化をさせたときに，どんなことが確実に言えるかをまず確かめようというわけである．基礎的なことがよくわったところで，それを踏み台にして現実に存在する摩擦なども考慮しつつ，実用的な工夫に取り掛かるのである．

　次章に進む前に，本章で学んだことをチェックしてみよう．もしよくわからなかったり，理解があいまいだったりするところがあれば，ただちに本章の関連する節に戻ってはっきりさせることが，これからの学習に非常に重要である．これは次章以下のポイントチェックでも同様である．

> ここはポイント！

ポイントチェック

- [ ] 熱容量とは何かを理解し，比熱との違いがわかった．
- [ ] 潜熱とは何かが理解できた．
- [ ] 状態量の示強性と示量性の違いがわかった．
- [ ] 系の状態量の間に状態方程式が成り立つことがわかった．
- [ ] 準静的過程は何かが理解できた．
- [ ] 可逆過程は準静的過程から成ることがわかった．

それでは，熱力学の基礎を理解するために次に進むことにしよう．

1 温度と熱 → 2 熱と仕事 → 3 熱力学第1法則 → 4 熱力学第2法則 → 5 エントロピーの導入 → 6 利用可能なエネルギー → 7 熱力学の展開 → 8 非平衡現象 → 9 熱力学から統計物理学へ

2 熱と仕事

> **学習目標**
> ・仕事が熱に変わることを理解する．
> ・熱の仕事当量とは何かを理解する．
> ・エネルギー保存則とは何かを説明できるようになる．

　冬の寒い朝に家の外に出て手指がかじかむ思いをしたことは，誰にもあるであろう．そのようなときに両手をこすって温めようとするのも，物心がつくかつかないうちに誰もが始めていることである．これは手をこするという作業が熱を生み出すということを，誰に教わることもなく経験的に知ったからであろう．

　このように，仕事は熱に変わる．このとき，少なくとも次の二つの問題が浮かび上がる．第一に，なされた仕事とそれによって発生した熱との間にはどのような関係があるのであろうか．仕事の量は，通常，ジュール（J＝N・m＝kg・m^2/s^2）の単位で測られるが，熱量の方は食べ物の栄養量に見られるようにカロリー（cal）の単位で測られる．実は，仕事の量とそれによって発生する熱量の間には，仕事の仕方やそのときに使われるものの種類によらない普遍的な比例関係があり，その比例係数を熱の仕事当量という．

　第二の問題は，逆に熱は仕事に変わるのかということである．仕事が熱になるのなら，熱が仕事になるのも当たり前ではないかと思うかもしれないが，問題はそう単純ではない．両手をこすっていると手が温まるのと同じように，容器の中の水を攪拌機で攪拌し続けると水の温度が上がる．水の攪拌という仕事が，水の粘性による一種の摩擦によって熱に変わるからである．だからと言って，逆に水を温めるだけで攪拌機が勝手に回り始めるなどとは誰も思わないであろう．どのような工夫をすれば熱がどれだけの仕事になるのかという問題自体は，ワットの蒸気機関のようにずっと昔から経験的に調べられていた．この問題の本質は何かを追及することから，科学としての熱力学が生まれてきたのである．

2.1 仕事の熱への変化

18世紀も終りに近い頃，ランフォードは大砲の砲身を削っている間に大量の熱が発生することに注目した．このこと自体は摩擦熱の発生であり，人類は原始時代から火を作るのに利用していた現象であって，日常的にもよく経験することで目新しいことではない．ランフォードが優れていたのは，この作業を続ける限り熱の発生が続いたにもかかわらず，作業の前後で砲身に使われている金属の質量に増減がないことと，その金属の比熱に変化がないことを確認したことである．

このことから，金属を削るという力学的仕事によって熱が一方的に発生したと結論される．それまではちょうど化学反応における原子や分子のように，ものが燃えたりして熱が発生するのは，ものに潜んでいた「熱素」なるものが姿を現すからだと信じられていた．この説に従うと，単なる力学的仕事から熱素という実体が発生するはずがない．すなわち，ランフォードの観察は熱の実体としての熱素の存在を否定する．

ランフォードの観察のもう一つの重要な点は，熱量は一般には保存しないということである．前節では力学的な仕事による熱の一方的な発生がなく，高温物体から低温物体への熱の流れだけがある場合を問題にしていた．このような場合には熱という形のエネルギーは決して勝手に発生したり，消滅したりしない．これは熱量の保存というより，後に議論するエネルギーの保存則によって保証されている．しかし，上に見たように力学的な仕事が熱に一方的に変わるので，熱量だけをとるとそれは保存しない．このことを考えても，仕事や熱が系の状態量にはなり得ないことが理解されるであろう．仕事や熱は系の温度や圧力などのように系の状態そのものを指定する量ではなくて，系の状態を変えるときに必要な作業や過程（プロセス）に関係する量なのである．

2.2 仕事量と熱量の関係

仕事も熱もともにエネルギーの単位をもつ．ただし，通常，仕事はJ [(ジュール) = kg·m²/s²]，熱量は cal (カロリー) の単位で表される．前節でみたように，摩擦熱の発生のように仕事が熱に一方的に変わる場合がある．* そうすると，仕事と熱の間に何か普遍的な比例関係があるのか，それとも熱の発生の際の作業の仕方や使われた物質によるのかが問題となる．このことをはっきりさせ，両者に普遍的な比例関係があることを示したのが**ジュールの仕事当量の実験**（1843 年）である．

ジュールは基本的には，液体を撹拌してその温度の上昇を精密に測定した．液体の撹拌が力学的仕事 W であり，これは図 2.1 に大まかに示されているように，撹拌器を回転させるのにおもりがどれだけ下がったかで，おもりの位置エネルギーの変化分から仕事量 W が求められる．液体の温度の上昇は熱量 Q の発生によるのであり，これも液体の比熱から計算できる．ジュールはこのような実験をいろいろな液体で行ない，使った液体の種類によらず W と Q の比 $J = W/Q$ は一定であり，

$$J = 4.186 \,[\text{J/cal}] \tag{2.1}$$

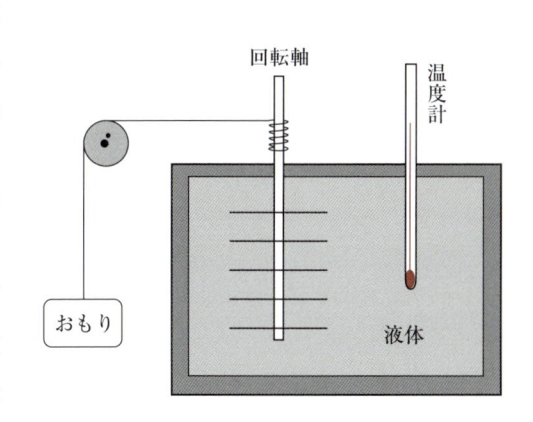

図 2.1 ジュールの実験の概略図

であることを発見した．この定数 J を**熱の仕事当量**という．これは熱と仕事

---

* ただし，経験的によく知られているように，自然な状況では熱が一方的に仕事に変わることはない．これは後に議論するように，熱力学第 2 法則の基礎である．

はエネルギーという量の別の形での現れであることを意味しており，1 [cal] = 4.186 [J] であることを示す．(2.1) は仕事量 W [J] と等価な熱量 Q [cal] の関係を表しているのであって，系への作用としては本来全く別々に加えられることに注意しよう．

例題 1

図 2.1 のジュールの実験で，1 L の水を装置に入れ，100 kg のおもりを 1 m だけゆっくりと下げるだけの仕事 W [J] を加えたときの水の温度上昇 ΔT [K] を求めよ．

解 質量 m' のおもりが高さ h だけ下がるときに得られる位置エネルギーは $m'gh$ (g：重力加速度) であり，それが水を撹拌するための仕事に使われる．したがって，加えた仕事量は $W = m'gh = 100 \times 9.81 \times 1$ [kg·(m/s²)·m = J]．質量 m の水の温度上昇のための熱量は $Q = mc\Delta T = 1000 \times 1 \times \Delta T$ [g·(cal/g·K)·K = cal] $\cong 4.2 \times 1000 \times \Delta T$ [J]．ここで，1 L の水の質量を 1000 g，水の比熱を 1 cal/(g·K) とした．W と Q が等しいことから，$\Delta T \cong 0.23$ [K]．この例からわかるように，ジュールの実験での温度上昇は大きくない．

問題 1 10℃，100 g の水に 100 cal の熱を加えると同時に，ジュールの実験のように 100 J の仕事を加えると，水の温度は何℃になるか．

2.3 エネルギー保存則

ジュールの仕事当量の実験の意味をもう一度考えてみよう．彼は容器中の液体である系に容器の外から力学的仕事 ΔW を加えると，系の温度が ΔT だけ上昇することを観察した．他方で，私たちは日常的な経験から ΔT だけの温度上昇という全く同じ効果を，やはり容器の外から熱量 ΔQ を加える（容器中の液体を熱する）ことで実現できることを知っている．

すなわち，系に仕事をすることでも，熱を加えることによっても，系をある温度の状態から別の温度の状態に変えることができるのである．このこと

は第一に，仕事と熱は系の状態を変えるための外からの作業あるいは過程（プロセス）に関係していることを意味している．系が外から仕事をされて得られた状態も，加熱されて実現された状態も，系の状態としては同じ温度なら全く区別がつかないのである．したがって，仕事や熱は外から系に入ってしまうとそのアイデンティティーを失ってしまい，系がどれだけの熱や仕事を含んでいる状態にあるかということはできない．すなわち，仕事と熱は系の状態そのものを表す状態量ではあり得ないことになる．

次に，より重要なことは，外からの仕事でも加熱によっても，系の同じ状態が実現できるということは，エネルギーを単位にもち，外からの操作に関係しないような系の状態量が定義できるということである．力学では粒子の運動エネルギーと位置エネルギーを加えた全エネルギーが保存することを学ぶ．すると，粒子がたくさん集まってできている系全体のエネルギーも考えられ，このエネルギーは系の全体としての状態を指定する量の一つと見なしてよいであろう．これを熱力学では系の**内部エネルギー**といい，E で表す．

以上の考察から次のことが言える．図2.2 に示してあるように，系の外部から熱量 ΔQ を注入し，仕事 ΔW を加えると，系の内部エネルギー E は増加し，その増加分 ΔE は両者の和に等しい：

$$\Delta E = \Delta Q + \Delta W \qquad (2.2)$$

これは言い換えると，外から系に仕事も熱も加えなければ，内部エネルギーは変化しない（$\Delta E = 0$）ことを意味しており，熱力学の世界でのエネルギー保存則を表す重要な関係式である．そのために (2.2) を**熱力学第 1 法則**ともいい，ヘルムホルツが 1847 年に定式化した．

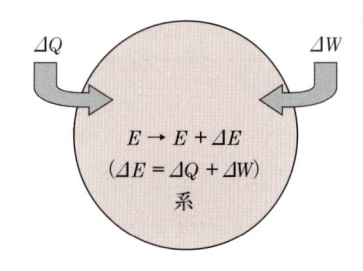

図 2.2 系の内部エネルギー E の変化

系に何か作用を加えたとして，その初めの状態 A の内部エネルギーを E_A，作用終了後の状態 B の内部エネルギーを E_B とする．すると，系の内部エネ

ルギーの変化は $\Delta E = E_B - E_A$ である．

ところで上述のように，状態 A から B への変化が仕事によっても，熱によってもなされるということは，この変化量 ΔE はその変化の途中の道筋（作用の過程（プロセス）という；図 2.3 を見よ）によらないことを示す．これは力学において粒子の位置エネルギーの変化が粒子に加える仕事の道筋によらないことと同じであり，保存量の特徴である．

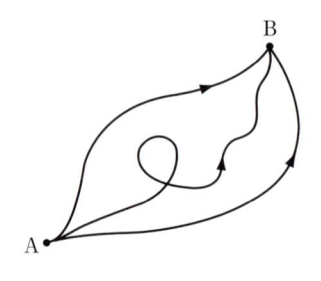

図 2.3 内部エネルギーの変化は途中の道筋によらない．

熱力学第 1 法則はこれから詳しく議論する．ここで最も重大な問題は，(2.2) の左辺がせっかく系の状態量 E で表されているのに，右辺が仕事や熱量という系の外から加える作業に関わる量で表されていることにある．そこで，(2.2) の右辺の ΔQ と ΔW を系の温度 T，体積 V，圧力 p などの状態量で表すことが今後の課題となる．

2.4　第1種永久機関

この段階までに言える話題を一つ示そう．系が一つの状態からスタートして，再び元の状態に戻る過程を繰り返すとき，これを **循環過程** または **サイクル** という．特に熱力学的な循環過程を使って，熱と仕事を相互に変換する機械を **熱機関** という．循環過程では，状態 A から出発したとして 1 サイクルの後に系は元の状態 A に戻るので，図 2.3 での A と B が同じ点となる．すなわち，循環過程は図 2.4 のように表される．このとき，1 サイクルの前後の内部エネルギーの変化は $\Delta E = E_A - E_B$

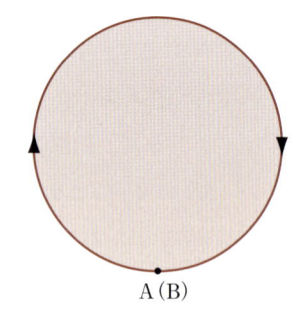

図 2.4　熱力学的な循環過程（サイクル）

$= E_\mathrm{A} - E_\mathrm{A} = 0$ である．したがって，この場合には (2.2) より
$$\mathit{\Delta} Q + \mathit{\Delta} W = 0$$
あるいは
$$\mathit{\Delta} Q = -\mathit{\Delta} W \tag{2.3}$$
となる．$\mathit{\Delta} W$ は系が外からなされた仕事なので，(2.3) の右辺の $-\mathit{\Delta} W$ は系が外にする仕事を表す．したがって，(2.3) によれば，この熱機関がちょうど外に仕事をする分（$-\mathit{\Delta} W$）だけの熱量（$\mathit{\Delta} Q$）を外からこの熱機関に与えなければならないことを意味する．

これはエネルギー保存則の当然の結論である．これに反して，外から加えた熱量以上の仕事を外にすることができる熱機関を**第 1 種永久機関**という．もちろん，これがあれば仕事が無尽蔵に取り出せることになるが，こんな調子のよいことは現実にはあり得ない．歴史的には第 1 種永久機関はいくつも提案されたが，どれもどこかに必ずごまかしがあって，すべてまがいものであった．それどころか，後に議論する熱力学第 2 法則によれば，現実には外から加える熱量 $\mathit{\Delta} Q$ をすべて仕事として外に取り出すことさえできないことがわかる．

2.5　まとめとポイントチェック

本章では仕事の熱への変化，仕事量と熱量の等価関係である熱の仕事当量と，系に出入りするエネルギーの収支のバランスを表すエネルギー保存則（熱力学第 1 法則）を議論した．また，エネルギー保存則の結果として，第 1 種永久機関は不可能であることも示した．

ポイントチェック

- [ ] 熱量が一般に保存しないことがわかった．
- [ ] 熱の仕事当量が理解できた．
- [ ] 仕事と熱量が状態量ではないことがわかった．
- [ ] 熱力学でのエネルギー保存則が理解できた．
- [ ] 第1種永久機関は不可能であることがわかった．

1 温度と熱 → 2 熱と仕事 → **3 熱力学第1法則** → 4 熱力学第2法則 → 5 エントロピーの導入 → 6 利用可能なエネルギー → 7 熱力学の展開 → 8 非平衡現象 → 9 熱力学から統計物理学へ

3 熱力学第1法則

学習目標

- 仕事を系の状態量で表す.
- 仕事が体積の積分で求められることを理解する.
- 熱力学第1法則とは何かを説明できるようになる.
- いろいろな熱力学的過程があることを理解する.
- 熱容量を系の状態量で表す.
- 理想気体が等温過程,断熱過程でする仕事を計算できるようになる.

　本章の最初の目標は,系が外からされる仕事を系の圧力や体積などの状態量で表すことである.状態量でない仕事量を状態量で表すことができるのかと疑問に思うかもしれない.しかし,前節に示したように,系に仕事をすると状態が変わってその内部エネルギーが増加するわけで,その状態変化と仕事量を結びつければよいのである.これは外から系に加える熱量の場合も同様で,状態量でない熱量を状態量で表そうとすると,熱に関係する系の状態量として温度の他にエントロピーを導入せざるを得ないことが後に明らかとなる.

　力学では質点に何もしなければ,その質点の運動エネルギーと位置エネルギーの和としての質点の力学的エネルギーは一定のままで保存される.また,質点に仕事を加えれば,その分のエネルギーが増加する.これは力学におけるエネルギーの保存則である.熱力学的な系は多数の原子・分子から成るが,系の内部エネルギーはそれを構成する原子・分子のエネルギーの総和と考えられるので,物理学の基本原理であるエネルギー保存則は成り立つはずである.したがって,系が仕事をされたり,熱を注入されたりすれば,その分のエネルギーが内部エネルギーの増加という結果になる.これを熱力学第1法則という.本章ではこの熱力学第1法則の範囲内で,系の熱力学的な特徴を議論する.

3.1 仕事

力学では，物体に対する仕事はそれに力を加えて移動させることでなされる．熱力学では注目する系を仕切る壁の一部を可動にし，それに力を加えて移動させることで壁を通して外から系に仕事をすることができる．その最も単純な例がシリンダーにピストンを組み合わせた系であり，現在では日常品となっている冷蔵庫，エアコン，自動車のエンジンなどにそれを適当に変形したものが使われている．そこで，このシリンダー・ピストン系を例にして考えてみよう．

図 3.1 のように，シリンダーの中に気体が閉じ込められており，それに取り付けられたピストンは左右に滑らかに動くことができるものとする．シリンダー中の気体が注目する系であり，系の状態量としての圧力，体積をそれぞれ，p，V としよう．また，ピストンが面するシリンダーの断面積を S とする．

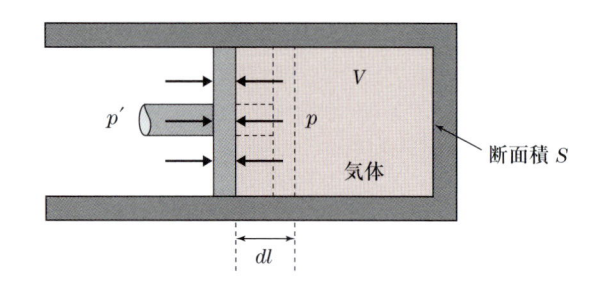

図 3.1 シリンダーに閉じ込められた気体

いま，外から圧力 p' で微小な長さ dl だけピストンをゆっくりと準静的に押し，系に δW だけの仕事をしたとしよう．圧力は単位面積当りの力なので，ピストンに加えた力 F は $F = p'S$ である．また，ピストンが移動した距離は dl なので，結局，外から系になした仕事量 $\delta W = F\,dl$ は

$$\delta W = p'S\,dl \tag{3.1}$$

である．ここで仕事量 δW も微小な量であるが，仕事が状態量でないことをはっきりさせるために，微小量を示す d とは別の記号として δ を付けたこと

を注意しておく．

　ピストンの質量を m，速度を v とすると，その移動方向に加わる力は $(p'-p)S$ なので，ピストンのその方向の運動方程式は

$$m\frac{dv}{dt} = (p'-p)S$$

である．ところでピストンは準静的に動かすので，上式左辺の慣性項はゼロと見なされる．したがって，シリンダー内外の圧力差は無視できて，$p'=p$ とおくことができる．また，ピストンは右に dl だけ移動したので，系の体積変化 dV は負であり，$dV = -S\,dl$ と表される．以上の結果を (3.1) に代入すると，系になされた仕事 δW は

$$\delta W = -p\,dV \tag{3.2}$$

と表される．こうして，系になされた仕事 δW が系の状態量である圧力 p と体積 V によって表された．

　ここで (3.2) に関して三つ注意しておく．第一に，式 (3.2) は図 3.1 のような単純な形のシリンダー・ピストン系にしか適用できないのではないかと思うかもしれない．しかし，実はこの式は非常に一般的に成り立つ．例えば，図 3.2 のように系がいびつな形をしていても，それに小さなピストンを付けて力を加えれば，外から系に仕事をすることができる．このとき，系の体積変化はピストンの移動で決まるし，圧力はパスカルの原理によってどこでも変らないからである．

　第二の注意は系の物質についてで，上の議論では系は気体であるとした．しかし，液体でもパスカルの原理が成り立つので，系の物質は液体でもかまわない．固体では一般に力を加えた方向とそれに垂

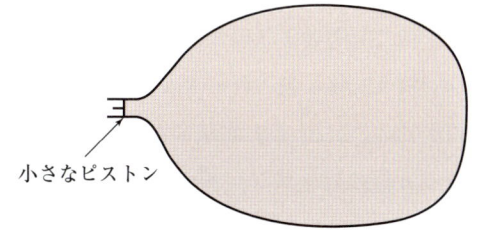

図 3.2 一般的な形の系に仕事をする．

直な方向の応力が異なり，圧力という単純な量で固体内の力の分布が定義できないので注意が必要である．それでも粗い近似でよければ，(3.2) を使うことができる．

(3.2) は系の微小な体積変化についての式である．そこで第三の注意は，体積が十分大きく変わるときに系が外からされる仕事はどうなるのかについてである．これは与えられた関数の積分に関係するので，それをまず説明しよう．

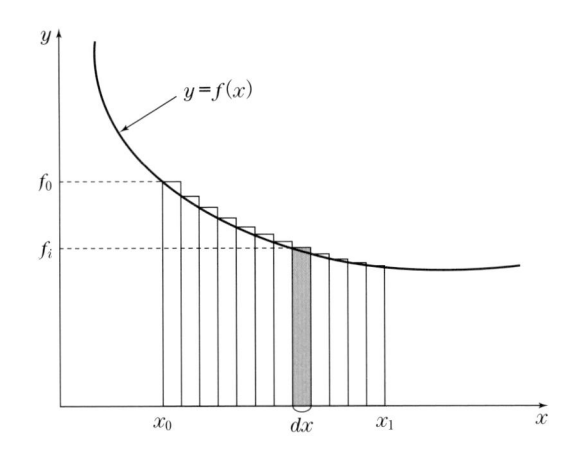

図 3.3 関数 $y = f(x)$ の変数 x による x_0 から x_1 までの積分

いま，変数 x のある関数 $y = f(x)$ が図 3.3 のように与えられているとする．ここで図のように，曲線 $f(x)$ と x 軸の間を微小な幅 dx の n 個の棒グラフで覆う．特に色の付いた i 番目の棒グラフに注目すると，高さは f_i で棒の幅が dx なので，その面積は $f_i\,dx$ である．したがって，x の値が x_0 から x_1 までの n 個の棒グラフ全部の面積 S_n はそれぞれの棒グラフの面積を加え合わせて

$$S_n = \sum_{i=0}^{n-1} f_i\,dx \tag{3.3}$$

と表される.

　ここで棒グラフの幅 dx を限りなく小さくすると，その数は限りなく増える．すると，図3.3でははっきり見えている棒グラフのギザギザが見えなくなって，(3.3)の S_n は曲線 $f(x)$ と x 軸および x_0 から x_1 までの間の面積 S に限りなく近づくことがわかるであろう．このように，和についての極限をとる（$S = \lim_{n \to \infty} S_n$）ことを積分するといい，

$$S = \int_{x_0}^{x_1} f(x) \, dx \tag{3.4}$$

と表す．右辺は関数 $f(x)$ を変数 x について x_0 から x_1 まで積分することを意味する数学的な記号であり，幾何学的には図3.3で曲線 $f(x)$ と x 軸の間の x_0 から x_1 までの面積である．

　ここで再び (3.2) に戻る．図3.3の x 軸の代わりに V 軸を，y 軸の代わりに p 軸をとって考えると，(3.2) の右辺の $p \, dV$ はまさしく図3.3で色を付けた非常に細い棒グラフに相当する．これを上の場合と同じようにかき集めて和を作り，その極限をとれば，体積が大きく変わった場合の仕事が求められるであろう．すなわち，積分すればよいことになる．こうして，系の体積が V_0 から V_1 まで変わるときに系が外からされる仕事 W は (3.2) を体積について V_0 から V_1 まで積分して

$$W = -\int_{V_0}^{V_1} p \, dV \tag{3.5}$$

で与えられる．

例題 1

　圧力 p，体積 V_0 の気体が容器に入れてある．気体の圧力 p を一定に保ちながら，その体積を $V_1 (< V_0)$ に圧縮したときに，この気体が外からされる仕事 W を求めよ．

解　気体を圧縮すると圧力が上がると思うかもしれないが，温度を下げながら

圧縮すると圧力を一定に保つことができる．(3.2) を体積について V_0 から V_1 まで積分すると

$$W = -\int_{V_0}^{V_1} p\, dV = -p\int_{V_0}^{V_1} dV = -p(V_1 - V_0) = p(V_0 - V_1)$$

である．第二の等号では圧力 p が一定なので，それを積分記号の外に出した．この場合，気体が外から仕事をされたので，W は正である．

問題 1 2 atm，100 m³ の気体が容器に入っている．この気体の圧力を一定に保ちながら，体積を 95 m³ まで圧縮したときに気体がされる仕事 W を求めよ．

3.2 理想気体がする仕事

前節では系が外からされる仕事を考えた．本節では前節の議論を踏まえて，系として理想気体をとり，それが外にする仕事を考えてみよう．ここでは系が外からされる仕事ではなくて，外にする仕事を問題にしていることを注意しておく．それは作業物質として理想気体を使って外に仕事をする熱機関を念頭においているからであり，次章で本節の結果を使うことになる．

系として圧力 p，体積 V，温度 T で n モルの理想気体をとる．このとき，これらの量の間には理想気体の状態方程式

$$pV = nRT \tag{3.6}$$

が成り立つ．ここで R は気体定数であり，その値は (1.11) を見ればよい．

系が外からされる微小な仕事 δW が (3.2) で与えられるので，逆に系が体積変化 dV によって外にする仕事 $\delta W'$ は $-\delta W = p\,dV$ である．これは系が外から仕事をされれば系の内部エネルギーは増えるが，外に仕事をするにはその分のエネルギーを消費しなければならないからである．したがって，系が外にする仕事 $\delta W'$ は (3.2) より

$$\delta W' = p\,dV \tag{3.7}$$

となる．そこで，系としての理想気体が (1) 圧力一定，および (2) 温度一定，の条件で外にする仕事 W' を求めてみよう．

（1） 等圧変化（圧力 p：一定）での仕事

系としての理想気体が外に仕事をすることによって状態 A（体積 V_A, 温度 T_A）から状態 B（体積 V_B, 温度 T_B）に変化したとする．このとき，(3.6) よりそれぞれの状態で状態方程式 $pV_A = nRT_A$, $pV_B = nRT_B$ が成り立つ．系が外にする仕事 W' は (3.7) を積分して

$$W' = \int_{V_A}^{V_B} p\, dV = p\int_{V_A}^{V_B} dV = p(V_B - V_A) = nR(T_B - T_A) \tag{3.8}$$

である．系の圧力 p が一定なので積分は容易であり，W' は図 3.4 の縦線部分の面積に等しい．

理想気体が外に仕事をする（$W' > 0$）ためには，体積が増えなければならない（$V_B > V_A$）．そのためには，圧力一定の条件では温度が上昇しなければならない（$T_B > T_A$）．(3.8) はこのことを表している．ただし，そのためには系に熱を注入し，その内部エネルギー E を増加しなければならない．

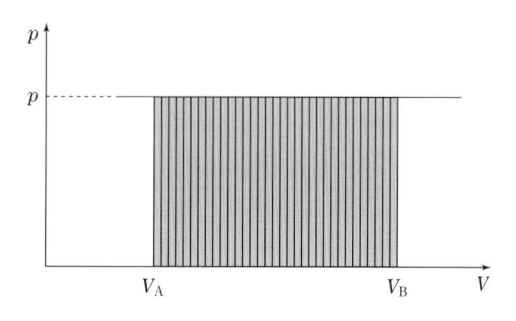

図 3.4 等圧変化（p：一定）での仕事

問題 2 温度 20℃ の理想気体が 2 mol ある．圧力を一定に保ったままで温度を 30℃ に上げると，この理想気体は外にどれだけの仕事をするか．

（2） 等温変化（温度 T：一定）での仕事

このとき理想気体は状態 A（圧力 p_A, 体積 V_A；$p_A V_A = nRT$）から状態 B（圧力 p_B, 体積 V_B；$p_B V_B = nRT$）に変化したとしよう．この状態変化の間，系の圧力 p は状態方程式 (3.6) より体積 V に反比例するので，p と V の関

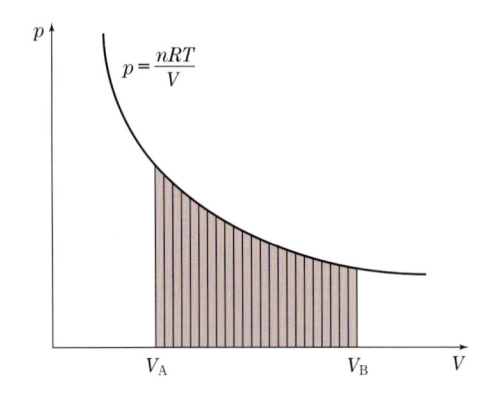

図 3.5 等温変化（T：一定）での仕事

係の大まかな様子は図 3.5 に示されている通りである．理想気体が外にする仕事 W' は (3.6) を使って (3.7) を積分することによって

$$W' = \int_{V_A}^{V_B} p\,dV = nRT \int_{V_A}^{V_B} \frac{1}{V}\,dV = nRT \ln \frac{V_B}{V_A} = nRT \ln \frac{p_A}{p_B} \tag{3.9}$$

と求められ，これは図 3.5 で細かく縦線を引いた部分の面積に等しい．ただし，上式で記号 ln は自然対数 $\log_e$ の略記であり，積分公式 $\int^x \frac{1}{x'}\,dx' = \ln x$ を使った．また，(3.9) の最後の等式は，この場合にはボイルの法則 $p_A V_A = p_B V_B$ が成り立つことから導かれる．

この場合も理想気体が外に仕事をする（$W' > 0$）ためには，体積が増えなければならない（$V_B > V_A$）．ただし，等温過程なので，そのためには圧力が低下する必要がある（$p_B < p_A$）．(3.9) はこのことを表している．

問題 3 5 mol の理想気体の温度を 27℃ に保ちながらその体積を 2 倍に膨張するとき，気体が外にする仕事 W' を求めよ．

3.3 熱力学第 1 法則

図 2.2 に示したように，系が外から微小な熱量 δQ を受け取り，外から微

小な仕事 δW をされるとき，系の微小な内部エネルギーの増加分 dE は
$$dE = \delta Q + \delta W \tag{3.10}$$
で与えられる．ここでも状態量でない熱量と仕事の微小さを表すのに δ という記号を使った．上の式は物理学の最も重要な原理であるエネルギー保存則を表したものであり，熱力学でも議論の出発点なので，**熱力学第 1 法則**という．これに前節の結果（3.2）を代入すると，熱力学第 1 法則は
$$dE = \delta Q - p\,dV \tag{3.11}$$
と表される．

　これからの議論のために，一つ注意をしておこう．系の状態を指定する量を状態量とよび，それには温度 T や圧力 p，体積 V，内部エネルギー E などがあることはこれまでに何度も述べてきた．そうすると，これらを変数とする関数も状態量ということになる．しかし，シリンダー内の気体のように，ある系が与えられるとこれらの状態量がすべて独立だというわけではない．経験的には一種類の物質から成る系では，その状態を変えることができる独立な状態量は二つだけである．

　シリンダー内の気体を例にすると，例えば，その圧力 p と温度 T を決めると，体積 V や内部エネルギー E など，他のすべての状態量は決まってしまう．すなわち，この例では V や E の値は T と p で決まるので，それらの関数として，それぞれ $V(T,p)$，$E(T,p)$ などと表される．（3.11）で dE や dV は微小な状態量としてきたが，上のような意味で，これらはそれぞれ状態量を表す内部エネルギー関数 $E(T,p)$，体積関数 $V(T,p)$ の微分と見なすことができるのである．

　他方，状態量でない熱量 Q や仕事量 W は状態量の関数として $Q(T,p)$，$W(T,p)$ などと表せないので，δQ や δW はありもしない $Q(T,p)$，$W(T,p)$ などの微分と見なすことはできない．このことをはっきりさせるために，Q や W の微小量に δ という，d とは別の記号を使ったのである．このことはまた，（3.2）と（3.11）を変形した

$$\delta W = -p\,dV, \qquad \delta Q = dE + p\,dV$$

のそれぞれの右辺の形からもわかる．すなわち，圧力 p が一定という特別の場合でない限り，一般にはそれぞれの右辺全体を微分記号 d でくくることができない．これは δW と δQ がともにある状態量の微分で表せないことを意味する．

そうは言っても，δQ や δW はれっきとした物理量であり，微小量の比としての微分である熱容量 $C = \delta Q/dT$ や，微小な量をかき集めた積分である (3.8) や次節の (3.13) には物理的にしっかりした意味がある．言い換えると，δQ や δW を微分・積分しても何の問題もない．

例題 2

シリンダーに圧力 1 atm の気体を入れ，圧力を一定に保ちながら 200 cal の熱を加えたところ，滑らかなピストンが動いて気体の体積が 0.5 L 増した．この気体が外にした仕事 $\Delta W'$ と内部エネルギーの増加 ΔE を求めよ．

解 外にした仕事 $\Delta W'$ は (3.8) より $\Delta W' = p\Delta V = 1 \times 1.013 \times 10^5 \times 0.5 \times 10^{-3}\,[(\text{N/m}^2)\cdot\text{m}^3] = 51\,[\text{J}]$．また，$p$ が一定であることに注意して (3.11) の両辺を積分すると $\Delta E = \Delta Q - p\Delta V$ である．この式は (2.2) と $\Delta W = -\Delta W'$ からも明らかである．これに上の $\Delta W'$ の値と $\Delta Q = 200 \times J\,[\text{cal}\cdot(\text{J/cal})] = 840\,[\text{J}]$ を代入すると $\Delta E = 789\,[\text{J}]$．ただし，$J$ は仕事当量であり，その値は (2.1) に与えてある．

問題 4

圧力 p が一定のとき，δQ と δW はそれぞれどのような状態関数の微分か．

3.4 いろいろな熱力学的過程

系の状態を変える場合に，温度を一定にして行なうとか，圧力を変えずにするとか，いろいろな仕方が考えられる．その代表的な場合について，熱力

学第1法則の表式 (3.11) を基礎にして議論してみよう．これらは今後の議論にとても重要な役割を果たす．

（1）等積過程

これは体積 V を一定に保って行なう過程であり，体積の変化がないので $dV = 0$ とおくことができる．したがって，等積過程では (3.11) より

$$\delta Q = dE \tag{3.12}$$

が成り立つ．

等積過程によって，系の状態が図 3.6 のように状態 A（内部エネルギー E_A）から状態 B（内部エネルギー E_B）に変わったとしよう．このとき系が外から吸収した熱量 Q は (3.12) を E について E_A から E_B まで積分して

$$Q = \int_{E_A}^{E_B} dE = E_B - E_A \tag{3.13}$$

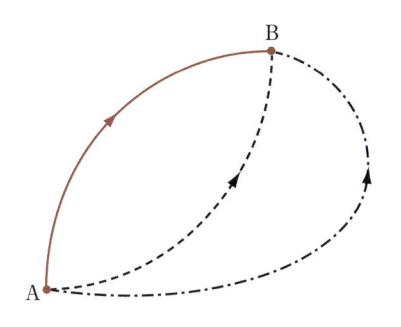

図 3.6 系の状態変化

と求められる．この場合には，熱量 Q は内部エネルギーの終りの状態での値 E_B と初めの状態での値 E_A だけによっていて，途中の値には無関係である．これは Q の値が等積過程の途中の経路にはよらないことを示している．等積過程では，(3.12) より熱が体積変化による仕事をせず，純粋に内部エネルギーの変化だけに関与しているからである．

問題 5 等積過程で系に 10 cal の熱を入れたときの系の内部エネルギーの増加 ΔE [J] を求めよ．

（2）等圧過程

これは圧力 p を一定に保ちながら行なう過程である．例えば，大気圧の下でビーカーの中に化学薬品を入れ，加熱したりして化学反応を起こす場合

などがこれに相当する．このとき，(3.11) は

$$\delta Q = dE + p\,dV = d(E + pV) \tag{3.14}$$

と表される．ここで，前節の終りに注意したように，上式の記号 d は微分の意味も含まれる．そこで，上式の第2式から第3式への変形では，一定値 p を微分記号の中に入れたことに注意しよう．逆に p が一定として第3式から第2式へ変形することを考えれば，この等号が成り立つことはすぐにわかるであろう．

この過程では，図3.6のように，系の状態を状態 A（内部エネルギー E_A，体積 V_A）から状態 B（内部エネルギー E_B，体積 V_B）へ変えるために必要な外からの熱量 Q は，(3.14) を積分して

$$\begin{aligned}Q &= \int_{E_A}^{E_B} dE + \int_{V_A}^{V_B} p\,dV = \int_{E_A}^{E_B} dE + p\int_{V_A}^{V_B} dV \\ &= (E_B + pV_B) - (E_A + pV_A) \end{aligned} \tag{3.15}$$

となる．すなわち，熱量 Q は終りと初めの状態の状態量だけで表されていて，途中の経路にはよらないことを示している．

この式と (3.13) を比較してみよう．(3.13) より等積過程では外から加えた熱によって系の内部エネルギー E が増加したのに対して，(3.15) によると，等圧過程では系の $E + pV$ という量が増加したことを意味している．E，p，V はどれも状態量なので，$E + pV$ も状態量である．そこで内部エネルギー E と同等な状態量として

$$H \equiv E + pV \tag{3.16}$$

という量を定義しておくと便利である．（記号 $\equiv$ は左辺の量を右辺の量で定義することを意味する．）H は**エンタルピー**とよばれ，特に化学の世界ではよく用いられる．

状態 A と B のエンタルピーをそれぞれ H_A，H_B と表すと，(3.16) より $H_A = E_A + pV_A$，$H_B = E_B + pV_B$ なので，(3.15) は

$$Q = H_B - H_A \tag{3.17}$$

と表される．これは等積過程での（3.13）に対応する表式であり，等圧過程では系の外から熱を加えると系のエンタルピー H が増加することを意味している．エンタルピーについては，熱力学第2法則によってエントロピー S を導入した後で再び議論する．

問題 6 等圧過程で系に 100 cal の熱を入れたときの系のエンタルピーの増加 ΔH [J] を求めよ．

（3） 断熱過程

これは系への熱の出入りを遮断する過程なので，$\delta Q = 0$ である．このとき，（3.11）より

$$dE = -p\,dV \tag{3.18}$$

が成り立つ．すなわち，この場合には系の内部エネルギー E の変化は外から系になされる仕事 $\delta W = -p\,dV$ によってもたらされる．

（4） 等圧断熱過程

この場合には p が一定で，かつ $\delta Q = 0$ である．このとき，（3.16）のエンタルピー H の定義式を（3.14）に代入すると

$$dH = 0 \tag{3.19}$$

となる．この過程では，系の状態を図 3.6 のように状態 A から別の状態 B に変えると内部エネルギー E，温度 T，体積 V は一般に変化するが，系のエンタルピー H は一定のままで変化しない．すなわち，エンタルピー H はこの場合の系の保存量である．

熱力学的過程には他にも非常に重要な過程として**等温過程**（T：一定）がある．これは系への熱の出入り δQ を状態量で表すこと，すなわちエントロピー S を導入した後で議論しよう．そのときには系のエネルギーの状態量としての内部エネルギー E，エンタルピー H の他に重要な状態量として，自由エネルギーが導入される．

3.5 簡単な数学的準備

系に微小な仕事 δW をしたり，微小な熱量 δQ を注入したりすると，系の熱力学的状態が変化し，温度 T，圧力 p，体積 V，内部エネルギー E などが，それぞれ微小量（dT, dp, dV, dE など）だけ変化する．ただし，前に記したように，独立に変化し得る系の熱力学的状態量は二つだけであって，他の状態量の変化はこの二つの状態量の変化で表される．独立な状態量としてどれを選ぶかは勝手であるが，常識的には実験で制御しやすい温度 T，圧力 p，体積 V などを選ぶことが多い．

例えば，系の独立な状態量として温度 T と体積 V を選んだとしよう．すると，系の圧力 p や内部エネルギー E などは，T と V の値を与えると決まってしまう．理想気体の場合を考えると，これは納得がいくであろう．このとき状態方程式は $pV = nRT$ なので，T と V が与えられると，p の値は一義的に決まる．これは，より一般的には p や E などの他の状態量が T と V の関数として $p = p(T,V)$，$E = E(T,V)$ などと表されることを意味する．

そこで，系の外からなされた微小な仕事 δW，あるいは外から注入された微小な熱量 δQ によって，系の独立な状態量である温度 T，体積 V が，それぞれ $T + dT$，$V + dV$ となって，dT, dV だけの微小な変化が起こったとしよう．微小量 dT, dV は私たちが実験的に制御できる量である．このとき，他の状態量，例えば圧力 p や内部エネルギー E の微小な変化 dp, dE が dT と dV でどのように表されるかが次の問題である．これは数学における微分の問題に他ならず，今後の議論には欠かせない．そこで，一般的に成り立つ関係式をここで導いておこう．

3.5.1 1変数関数の微小変化

いま，独立変数を x の一つだけとし，その値によって決まる関数を $f(x)$ としよう．図 3.7 のように，x の連続的な変化に対して $f(x)$ は滑らかに変わる

3.5 簡単な数学的準備

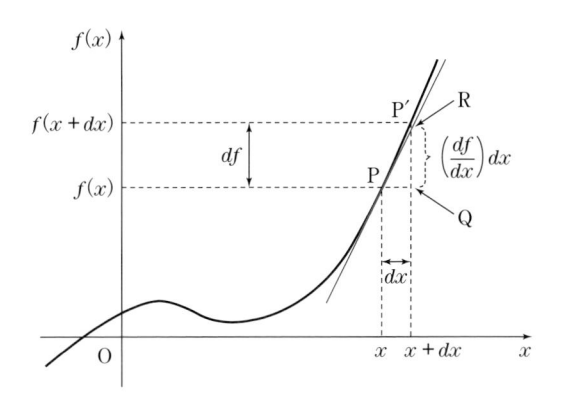

図 3.7 x が dx だけ変化したときの $f(x)$ の変化 df

ような，ごく普通の関数であるとする．ここで x の値を微小量 dx だけ増したときの f の変化 df は，図にも示したように，

$$df = f(x+dx) - f(x) \tag{3.20}$$

で与えられる．ところで，微分の定義より $f(x)$ の微分は

$$f'(x) = \frac{df}{dx} = \frac{f(x+dx) - f(x)}{dx} \qquad (dx \to 0)$$

であり，これより

$$f(x+dx) - f(x) = \left(\frac{df}{dx}\right)dx \qquad (dx \to 0) \tag{3.21}$$

となる．ここで $(dx \to 0)$ は dx が 0 の極限で上式が成り立つことを意味する．(3.21) を (3.20) に代入すれば，f の微小な変化量は f の微分を使って

$$df = \left(\frac{df}{dx}\right)dx \tag{3.22}$$

と表される．

以上のことについては幾何学的な説明の方がわかりやすいかもしれない．図 3.7 に示したように，x 座標が x と $x+dx$ での曲線 $f(x)$ 上の点を P と P′

とする．Pを通って横軸に平行な直線と，P′を通って縦軸に平行な直線との交点をQとすると，線分$\overline{\mathrm{PQ}}$はdxに等しく，線分$\overline{\mathrm{QP'}}$はdfに等しい．点Pで曲線$f(x)$の接線を引き，それと線分$\overline{\mathrm{QP'}}$との交点をRとすると，接線の傾きは微分の定義から(df/dx)なので，線分$\overline{\mathrm{QR}}$は$(df/dx)\,dx$である．dxがゼロの極限では，曲線$\overparen{\mathrm{PP'}}$は直線と区別がつかず，したがって線分$\overline{\mathrm{QP'}}$と$\overline{\mathrm{QR}}$との差も無視できる．それが（3.22）の意味である．

3.5.2 2変数関数の微小変化

次に，独立変数をx, yの二つとし，それらの値によって決まる滑らかな関数を$f(x,y)$としよう．これは前に記したように，系には独立な状態変数が二つあり，その他の状態量がこれら二つの状態変数で表されることを念頭においているわけである．この場合には図3.7と違って，$f(x,y)$は図3.8のように3次元空間の中の滑らかな曲面として表される．

ここでx, yの値を，それぞれ微小量dx, dyだけ増したときのfの変化量dfを考えてみよう．図3.8でいえば，2点PとP″でのfの値の差を求めて

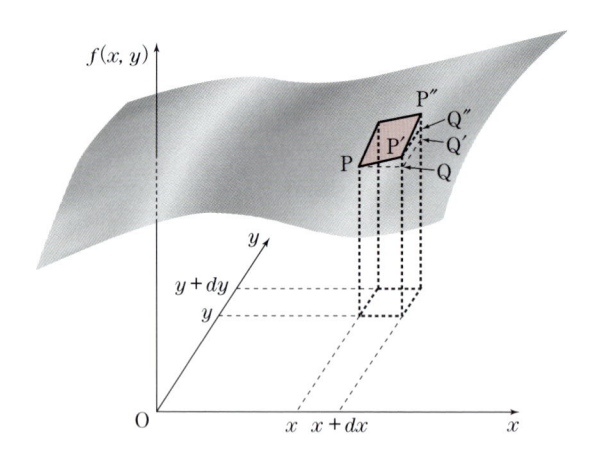

図 3.8 xとyがそれぞれdxとdyだけ変化したときの$f(x,y)$の変化df

3.5 簡単な数学的準備

みようというわけである．このとき，df は

$$df = f(x+dx, y+dy) - f(x,y) \tag{3.23}$$

である．これを変形すると

$$df = \{f(x+dx, y) - f(x,y)\} + \{f(x+dx, y+dy) - f(x+dx, y)\} \tag{3.24}$$

と表される．ところが，上式右辺の第一の { } の中は y が一定のままであり，1 変数 x だけの微小変化 dx なので，(3.21) と同じく

$$f(x+dx, y) - f(x,y) = \left(\frac{\partial f}{\partial x}\right)_y dx \quad (dx \to 0) \tag{3.25}$$

と表される．ここで，右辺の $(\partial f/\partial x)_y$ は，y を固定して f を x だけについて微分することを示す記号である．幾何学的には，図 3.8 で点 P から P′ へ移動したときの f の値の変化である線分 $\overline{\mathrm{QP'}}$ の長さを調べることに相当する．y が固定されていて x 方向だけに変化するので，線分 $\overline{\mathrm{QP'}}$ の長さは 1 変数のときと同様に (3.22) で与えられる．ただ，ここでは 2 変数関数の変化をみているのであり，x 方向だけの変化であることをはっきりさせるために，(3.25) のように表したのである．

同様にして，(3.24) の右辺の第二の { } の中は $x + dx$ の値を変えないで $f(x,y)$ を y で微分する場合に相当するので

$$f(x+dx, y+dy) - f(x+dx, y) = \left(\frac{\partial f}{\partial y}\right)_x dy \quad (dy \to 0) \tag{3.26}$$

と表される．ここでも $(\partial f/\partial y)_x$ は関数 $f(x,y)$ を x を固定して y だけについて微分することを意味する．ただし，値を固定した $x + dx$ の dx は微小なので無視している．(3.26) は図 3.8 で点 P′ から P″ へ移動したときの，$f(x,y)$ の値の変化である線分 $\overline{\mathrm{Q''P''}}$ の長さを表す．

(3.25)，(3.26) を (3.24) に代入すると，関数 $f(x,y)$ の微小変化 df は

$$df = \left(\frac{\partial f}{\partial x}\right)_y dx + \left(\frac{\partial f}{\partial y}\right)_x dy \tag{3.27}$$

と表される．これは滑らかな関数 $f(x,y)$ の独立変数 x, y がそれぞれ dx, dy だけの微小な変化をしたときに成り立つ一般的な関係式である．幾何学的にいえば，図 3.8 で点 P から P″ への移動による f の値の変化 df（線分 $\overline{Q'P''}$）が点 P から P′ への移動による変化分（線分 $\overline{QP'} = \overline{Q'Q''}$）と点 P′ から P″ への移動による変化分（線分 $\overline{Q''P''}$）の和であるという，ほとんど当り前のことを表しているにすぎないことに注意しよう．

数学の世界では，(3.27) の左辺の df を関数 $f(x,y)$ の**全微分**，$(\partial f/\partial x)_y$，$(\partial f/\partial y)_x$ をそれぞれ x および y による**偏微分**という．しかし，偏微分というのはある一つの独立変数だけで微分し，他の独立変数は定数と見なすという簡単な微分であるし，全微分はそれらで表された関数の変化量にすぎない．堅苦しい用語はともかくとして，図 3.8 を見ればその意味は明らかであろう．ともかく，今後，滑らかな関数の微小変化量として，(3.22), (3.27) を折に触れて使うことになるが，熱力学で必要な数学は当面これで十分である．

3.6　熱容量

熱力学第 1 法則を基礎にして，前節の数学的な結果を使うと，系の熱容量についてどれだけのことが言えるかを考えてみよう．系の熱容量は，系に微小な熱量 δQ を加えたときの系の微小な温度上昇 dT から求められる．そこで，熱量 Q が状態量でない（したがって，状態量の関数，例えば $Q(T,V)$ などとして表せない）ことを考慮して，熱力学第 1 法則の表式 (3.11) を

$$\delta Q = dE + p\, dV \tag{3.28}$$

と表す．そうしておいて，右辺の状態量を前節の数学的な関係によっていろいろと変形して熱容量 C を考察するのである．

(3.28) の右辺に体積 V の微小量 dV があることに注目して，系の独立変

3.6 熱容量

数の一つを V としよう．もう一つの独立変数としては熱容量の考察に必要な温度 T を選ぶのがよかろう．そうすると，内部エネルギー E は T と V の関数として与えられる：

$$E = E(T, V) \tag{3.29}$$

T と V の微小な変化 dT, dV による E の変化量 dE は，(3.27) で $f \to E$, $x \to T$, $y \to V$ とおき換えることによって，

$$dE = \left(\frac{\partial E}{\partial T}\right)_V dT + \left(\frac{\partial E}{\partial V}\right)_T dV \tag{3.30}$$

と表される．ここで $(\partial E/\partial T)_V$ は体積 V を一定に保ったままで内部エネルギー E を温度 T で微分することを意味する．前節で示したように，(3.30) は E が 2 変数 T と V の滑らかな関数であるときに成り立つ数学的な関係式であり，物理（熱力学）とは何の関係もないことに注意しよう．それに対して，(3.28) は重要な物理法則であるエネルギーの保存則を表す．(3.30) を (3.28) に代入すると，系に加えられた微小な熱量 δQ は

$$\delta Q = \left(\frac{\partial E}{\partial T}\right)_V dT + \left\{p + \left(\frac{\partial E}{\partial V}\right)_T\right\} dV \tag{3.31}$$

と表される．

定積熱容量 C_V は物体の体積 V を一定に保ちながら加熱し，その温度を 1K だけ上昇させるのに必要な熱量として定義され，数学的には

$$C_V = \lim_{dT \to 0} \frac{\delta Q}{dT} \quad (V : 一定) \tag{3.32}$$

と表される．記号 $\lim_{dT \to 0}$ は dT を 0 に近づける極限を表す．このとき，体積 V が一定なので $dV = 0$ とおくことができ，(3.31) より右辺の第 2 項がなくなる．その結果を (3.32) に代入すると，定積熱容量 C_V は内部エネルギー E を使って

$$C_V = \left(\frac{\partial E}{\partial T}\right)_V \tag{3.33}$$

と表される．すなわち，定積熱容量 C_V は系の体積 V を一定に保って温度 T を 1K だけ上げたときの内部エネルギー E の増加の割り合いとみることができる．

熱容量の単位は [J/K] であり，系の大きさに比例する．それでは物性を表すのに不便なので，通常は物質 1 mol 当りの熱容量である**モル比熱**（単位：J/(mol·K)）や 1 g 当りの熱容量である**比熱**（単位：J/(g·K)）が使われる．水の比熱は 15℃ で

$$4.186 \, [\text{J/(g·K)}] = 1 \, [\text{cal/(g·K)}]$$

である．

実験的には，物体の体積 V を一定にするより，圧力 p を一定にして熱容量を求める方がやりやすい．物質は一般に温度を上げると膨張するので，定積熱容量を求めるには物体の体積を無理やり一定に保たなければならない．ところが圧力一定の場合には，例えば大気圧にさらしたままで，体積の変化を気にせずに熱容量を測定すればよいからである．このように，圧力一定のもとでの熱容量を**定圧熱容量** C_p といい，

$$C_p = \lim_{dT \to 0} \frac{\delta Q}{dT} \quad (p: 一定) \tag{3.34}$$

と表される．

定圧熱容量 C_p の熱力学的な表式を得るには，まず系の独立変数として T と p を選ぶ．すると系の体積 V は T と p の関数 $V(T,p)$ と見なされ，その微小変化量 dV は（3.27）より

$$dV = \left(\frac{\partial V}{\partial T}\right)_p dT + \left(\frac{\partial V}{\partial p}\right)_T dp \tag{3.35}$$

と表される．これも（3.30）と同様に単なる数学的な関係式にすぎない．（3.35）を（3.31）に代入すると

3.6 熱容量

$$\delta Q = \left(\frac{\partial E}{\partial T}\right)_V dT + \left\{p + \left(\frac{\partial E}{\partial V}\right)_T\right\} \left\{\left(\frac{\partial V}{\partial T}\right)_p dT + \left(\frac{\partial V}{\partial p}\right)_T dp\right\}$$
$$= \left[C_V + \left\{p + \left(\frac{\partial E}{\partial V}\right)_T\right\} \left(\frac{\partial V}{\partial T}\right)_p\right] dT + \left\{p + \left(\frac{\partial E}{\partial V}\right)_T\right\} \left(\frac{\partial V}{\partial p}\right)_T dp$$
(3.36)

となる．ここで (3.33) を使った．この式で $dp=0$（p が一定）とおくと，(3.34) より定圧熱容量は

$$C_p = C_V + \left\{p + \left(\frac{\partial E}{\partial V}\right)_T\right\} \left(\frac{\partial V}{\partial T}\right)_p \tag{3.37}$$

と表される．これはまた

$$C_p - C_V = \left\{p + \left(\frac{\partial E}{\partial V}\right)_T\right\} \left(\frac{\partial V}{\partial T}\right)_p \tag{3.38}$$

とも表される．

(3.38) は物体の定圧熱容量と定積熱容量との間に厳密に成り立つ一般的な関係式である．すなわち，物体の定圧熱容量 C_p と右辺の諸量が実験的に求められれば，定積熱容量 C_V が (3.38) から計算できる．圧力 p を一定にして温度 T を上げたときの物体の体積 V の膨張の割り合いを物体の**体膨張率**といい，

$$\beta = \frac{1}{V}\left(\frac{\partial V}{\partial T}\right)_p \tag{3.39}$$

と定義する．ここで V で割ったのは，体膨張率 β を物体の大きさによらない物性そのものを表すようにするためである．(3.39) を (3.38) に代入すると，

$$C_p - C_V = \beta V \left\{p + \left(\frac{\partial E}{\partial V}\right)_T\right\} \tag{3.40}$$

と表される．

空気の 1 気圧，20℃における定圧比熱 C_p（物質 1 g 当りの定圧熱容量）は

1.006 J/(g·K) であり，定積比熱 C_V との比 C_p/C_V は 1.403 である．

> **例題 3**
> n [mol] の理想気体を，圧力 p を一定に保ったまま体積 V を a 倍にするためには，どれだけの熱量 Q が必要か．

解 理想気体の状態方程式 $pV = nRT$ で，p が一定なので体積 V を aV にするためには，温度 T も aT にしなければならない．このとき，温度上昇は $\Delta T = (a-1)T$ なので，必要な熱量 Q は定圧モル比熱 C_p を使って，$Q = nC_p\Delta T = (a-1)nC_pT$ となる．

問題 7 空気を理想気体と見なし，27℃の空気 5 mol の体積を 2 倍にするのに必要な熱量 Q を求めよ．ただし，空気の実効的な分子量を 29 とする．

問題 8 (3.40) より $(\partial E/\partial V)_T$ を求め，これと (3.33) を (3.30) に代入して

$$dE = C_V dT + \left(\frac{C_p - C_V}{\beta V} - p\right)dV$$

を導け．これは注目する物体の定積熱容量 C_p，定圧熱容量 C_V，体膨張率 β および状態方程式 $p = p(T, V)$ が測定されれば，その物体の内部エネルギー E を上式の積分によって求められることを意味する．

3.7　理想気体の熱力学的性質

本章のこれまでの結果をより具体的に議論するために，例として理想気体を取り上げて詳しく考察してみる．すなわち，熱力学第1法則を基礎にして理想気体の熱力学的な性質を考察してみようというわけである．

（1）理想気体に関するジュールの法則

ジュールは気体について次のような実験を行なった．図 3.9 に示されているように，断熱壁でできた装置内には水に浸された容器 A, B がある．容器の体積はそれぞれ V_A, V_B とする．初めに容器 A と B の間のコック C は閉じてあって，容器 A には気体が入れてあるが，B は真空である．水温は T

3.7 理想気体の熱力学的性質

であって，装置内全体が熱平衡にある．次に，コックCを開き，熱平衡に達した後に装置内の水温を測ったところ，水温は T のままで変化がなかった．これが実験の結果である．

ここで容器内の気体の状態変化をみてみよう．この実験の初めの体積 V_0 は $V_0 = V_A$（気体は容器Aにしかない）であり，終りの体積 V_1 は $V_1 = V_A + V_B$ であって，明らかに

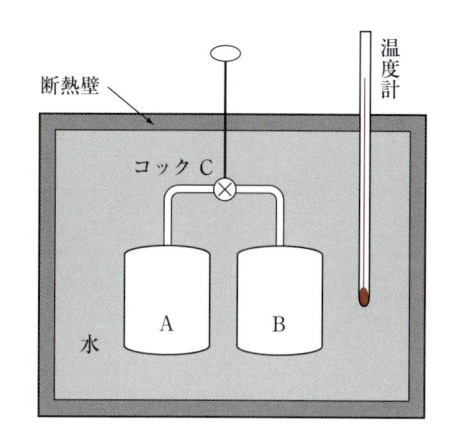

図 3.9 ジュールの実験装置の概要

気体の体積は増加している．この実験の前後での気体の内部エネルギー E の変化 ΔE は熱力学第1法則 (2.2) より $\Delta E = \Delta Q + \Delta W$ と表される．ところで，この装置は断熱壁に囲まれていて水温の変化もないので，気体への熱の出入りはなく（$\Delta Q = 0$），外からの仕事もない（$\Delta W = 0$）．すなわち，この実験の条件から気体の内部エネルギーの変化はあり得ない（$\Delta E = 0$）．

また，この場合の系の独立変数を温度 T と体積 V として内部エネルギーを $E = E(T, V)$ とおく．ところが，この実験の前後での温度 T の変化がないので，気体の内部エネルギーの変化 ΔE は体積変化だけによることになり，$\Delta E = E(T, V_1) - E(T, V_0)$ で与えられる．したがって，この実験の結果は

$$\Delta E = E(T, V_1) - E(T, V_0) = 0$$

と表される．これは温度一定の下で気体の体積が増減しても，気体の内部エネルギーが変化しないことを意味しており，微分の形では

$$\left(\frac{\partial E}{\partial V}\right)_T = 0 \tag{3.41}$$

と表される．これを**ジュール（Joule）の法則**といい，実際には理想気体の極限で成り立つ関係である．

ジュールの法則 (3.41) は熱力学第2法則によってエントロピーを導入した後で，理想気体の状態方程式 ($pV = nRT$) を使って証明する（第7章の問題4参照）．(3.41) は，気体のモル数（分子数）を固定した上で，温度を一定にして体積を変化させても内部エネルギーに変化がないことをいっているのであって，同じ状態の1Lの気体二つを合わせて2Lの気体にすれば，その内部エネルギーも当然2倍になる．

(3.41) を (3.38) に代入すると

$$C_p - C_V = p\left(\frac{\partial V}{\partial T}\right)_p$$

が得られる．理想気体の状態方程式 $pV = nRT$ の両辺を，p が一定の条件下で T で微分すれば直ちに $p(\partial V/\partial T)_p = nR$ が得られるので，これを上式に代入すれば

$$C_p - C_V = nR \tag{3.42}$$

となる．これは理想気体に対して成り立つ有名な式で，**マイヤー（Mayer）の関係式**とよばれている．

例題 4

n [mol] の理想気体が図3.1のようなシリンダーに入っているとき，圧力 p を一定に保って温度 T を1Kだけ上げたときの体積 V の増加 ΔV はどのような関係式を満たすか．

解 圧力 p が一定なので，温度が T のときの状態方程式は $pV = nRT$ であり，$T + 1$ のときは $p(V + \Delta V) = nR(T + 1)$ である．両式の差をとると，

$$p\Delta V = nR, \quad \therefore \quad \Delta V = \frac{nR}{p}$$

特に，上式左辺の $p\Delta V$ は，圧力一定の下で温度が1Kだけ上昇して気体が膨張する際に，気体が外にする仕事に等しい．すなわち，圧力を一定に保って気体の温度を1Kだけ上げるには，気体の内部エネルギーの増加 C_V（(3.33) より）だけでなく，そのときに気体が外部にする仕事 $p\Delta V$ の分の熱量を余分に加えなければならない．(3.42) はこのことを表している．

3.7 理想気体の熱力学的性質

問題 9 定圧モル比熱が $C_p = 3.5R$ [J/(mol·K)] の理想気体が 1 mol あり，初めの温度を 27℃ とする．この気体の圧力を一定に保って，体積を 1.5 倍に膨張させると，温度はどれだけになるか．また，そのために気体に加えた熱量 Q，気体が外にした仕事 W' とその比 W'/Q を求めよ．[ヒント：例題3を参照せよ．]

(3.33) と (3.41) を (3.30) に代入すると，理想気体の内部エネルギーの微小変化 dE は

$$dE = C_V dT \tag{3.43}$$

という簡単な式で表される．ところで理想気体の定積熱容量 C_V は温度 T によらない定数であることが知られている．これを**ルニョー (Regnaut) の法則**[*] という．この実験事実を踏まえると，(3.43) は簡単に積分できて，理想気体の内部エネルギーは

$$E = C_V T + E_0 \tag{3.44}$$

と表される．ここで E_0 は温度 T によらないが，E が示量性状態量のために，モル数 n に比例する定数である．

（2） 理想気体の断熱変化

断熱変化では熱の出入りがないので，$\delta Q = 0$ とおくことができる．このとき，熱力学第1法則 (3.11) は $dE = -p\,dV$ と表される．これに関係式 (3.43) を代入すると，理想気体では $C_V dT + p\,dV = 0$ が成り立つ．この式に理想気体の状態方程式 $pV = nRT$ と (3.42) を代入して整理すると

$$\frac{dT}{T} + (\gamma - 1)\frac{dV}{V} = 0 \tag{3.45}$$

が導かれる．ここで γ は定圧熱容量と定積熱容量の比で，

$$\gamma = \frac{C_p}{C_V} \tag{3.46}$$

---

[*] ルニョーの法則は熱力学の範囲内では示すことができない．状態方程式も同様で，熱力学を原子・分子の振舞いで基礎づける統計物理学を展開して初めて示すことができるのである．

と表され，一般に $\gamma > 1$ であり，特に理想気体では定数である．(3.45) は簡単に積分できて

$$TV^{\gamma-1} = k \tag{3.47}$$

という関係が得られる．ここで k は積分によって現れる積分定数であり，断熱過程を行なう際の初めの状態で決まる．

問題 10 (3.45) および (3.47) を導け．

(3.47) は断熱変化 ($\delta Q = 0$) の過程で理想気体が満たす関係である．断熱過程の途中であってももちろん，理想気体ではその状態方程式 $pV = nRT$ が成り立っている．それを考慮すると，(3.47) から

$$pV^{\gamma} = k' \tag{3.48}$$

が導かれる．ここで $k' = nRk$ は k とは別の定数である．この関係を**ポアッソン（Poisson）の法則**という．

問題 11 (3.48) を導け．

（3） 理想気体が外部にする仕事

ここで理想気体が外にする仕事を，断熱過程と等温過程に分けて求めておこう．その結果は次章で熱機関を議論する際，その作業物質として理想気体を使う場合に必要となる．

例題 5
断熱過程によって理想気体が外部にする仕事 W' を求めよ．

解 理想気体の初めと終りの温度，体積，圧力を (T_A, V_A, p_A), (T_B, V_B, p_B) とする．系が外にする微小な仕事は (3.7) より $p\,dV$ なので，これを積分することにより W' は

$$W' = \int_{V_A}^{V_B} p\,dV = k' \int_{V_A}^{V_B} \frac{1}{V^{\gamma}}\,dV = k' \frac{1}{1-\gamma} [V^{1-\gamma}]_{V_A}^{V_B}$$

3.7 理想気体の熱力学的性質

$$= \frac{k'}{\gamma - 1}(V_{\mathrm{A}}^{1-\gamma} - V_{\mathrm{B}}^{1-\gamma})$$

である．ここで (3.48) を使った．(3.48) より断熱過程で pV^γ は変わらないので，$k' = p_{\mathrm{A}} V_{\mathrm{A}}^\gamma = p_{\mathrm{B}} V_{\mathrm{B}}^\gamma$ である．この関係を上式の k' に代入すれば

$$W' = \frac{1}{\gamma - 1}(p_{\mathrm{A}} V_{\mathrm{A}} - p_{\mathrm{B}} V_{\mathrm{B}})$$

が成り立つ．さらに理想気体の状態方程式を使うと，理想気体が断熱変化で外にする仕事 W' は

$$W' = \frac{nR}{\gamma - 1}(T_{\mathrm{A}} - T_{\mathrm{B}}) = C_V(T_{\mathrm{A}} - T_{\mathrm{B}}) \tag{3.49}$$

である．ここで第三の等号には (3.42) と (3.46) を使った．これは，断熱変化では外からの熱の出入りが一切ないので，それでも理想気体が外に仕事をするには，その温度を下げる（$T_{\mathrm{A}} > T_{\mathrm{B}}$）ことによってしかできないことを意味する．

ここはポイント！

問題 12 定積モル比熱が $C_V = 2.5R\ [\mathrm{J/(mol \cdot K)}]$ の気体の初めの温度を 27℃ とする．この気体の定圧モル比熱 C_p はいくらか．また，この気体の体積を断熱変化で 2 倍に膨張させると，温度はいくらになるか．

問題 13 上の例題 5 で，理想気体の初めと終りの内部エネルギーをそれぞれ E_{A}, E_{B} とする．このとき，理想気体が断熱変化で外にする仕事 $W'\,(= -W)$ を E_{A} と E_{B} で表せ．また，その結果は何を意味するか．

例題 6

等温過程によって理想気体が外にする仕事 W' を求めよ．

解 等温過程では温度 T が一定なので，$dT = 0$ である．このことと (3.43) より，等温過程では理想気体の内部エネルギー E は変化しない（$dE = 0$）．したがって，熱力学第 1 法則 (3.10) より $dE = \delta Q + \delta W = 0$ である．系が外にする仕事は (3.7) より $\delta W' = -\delta W = p\,dV$ なので $\delta Q = p\,dV$ となる．すなわち，系に加えられた熱量 Q はすべて外部への仕事 W' に変わる：

$$Q = W' = \int_{V_{\mathrm{A}}}^{V_{\mathrm{B}}} p\,dV = nRT \int_{V_{\mathrm{A}}}^{V_{\mathrm{B}}} \frac{1}{V}\,dV = nRT \ln \frac{V_{\mathrm{B}}}{V_{\mathrm{A}}} \tag{3.50}$$

この結果はもちろん，(3.9) と一致する．

問題 14 5 mol の理想気体の温度を 10℃に保ったままでその体積を 2 倍に膨張させたときに，この気体が外にする仕事 W' を求めよ．このとき，気体に加える熱量 Q はいくらか．

（4） p-V 図と等温曲線，断熱曲線

圧力 p を縦軸に，体積 V を横軸にとった平面上に系の状態を示す場合，これを **p-V 図** という．p-V 図上で温度一定の状態を辿ると **等温曲線** が得られる．同様に，断熱状態を辿った曲線を **断熱曲線** という．これらはいずれも次章で熱機関を議論する際に必要なので，理想気体の場合についてここに示しておく．

例題 7

理想気体について，温度一定の状態を表す等温曲線と断熱変化を表す断熱曲線を p-V 図上に描け．

解 理想気体の状態方程式は $pV = nRT$ だから，温度 T が一定のままでの等温変化は $pV = c$（一定）で表され，これは p が V に反比例する双曲線である．また，断熱変化の途中ではポアッソンの法則 (3.48) が成り立ち，p は V^γ に反比例

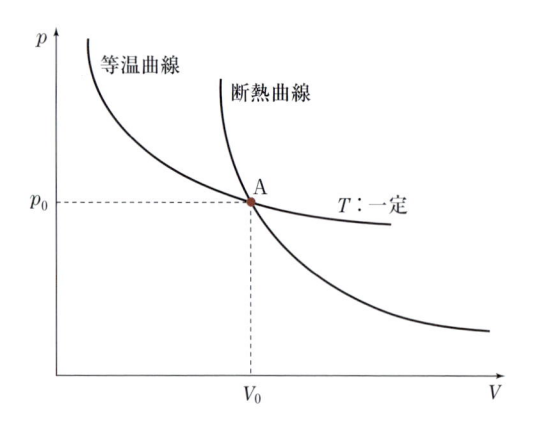

図 3.10 p-V 図での等温曲線と断熱曲線

する．しかも一般に $\gamma > 1$ なので，断熱曲線の方が等温曲線より傾きがきつい．等温曲線と断熱曲線の大まかな様子を図 3.10 に示す．

問題 15 図 3.10 に示した等温曲線と断熱曲線の交点 A での圧力と体積をそれぞれ p_0, V_0 とする．この点でのそれぞれの曲線の傾きの比を求めよ．

　図 3.10 で等温曲線上を体積が増す向きに系の状態を変える過程は等温膨張であり，そのときに系が理想気体の場合に外にする仕事が (3.50) で与えられる．この仕事が等温曲線と V 軸の間の V_A から V_B までの面積であることは，図 3.3 の説明から明らかであろう．逆に体積を減らす過程は等温圧縮であり，このとき系は外から同じ量の仕事をされる．同様に，断熱曲線上では体積が増す向きの過程が断熱膨張であって，そのときに系が理想気体の場合には (3.49) で与えられる仕事を外にする．この場合の仕事も，断熱曲線と V 軸の間の V_A から V_B までの面積である．逆の断熱圧縮では，系は同じだけの仕事を外からされることになる．

　次章で詳しく議論するが，これらの等温膨張と等温圧縮，断熱膨張と断熱圧縮の 4 過程は，最も基本的な熱機関であるカルノー機関の運転過程で活躍することになる．カルノー機関とは，これらの 4 過程を循環過程（サイクル）になるように組み合わせてできる熱機関であり，1 サイクルの間に外から熱を取り入れて外に仕事をするのである．その際，熱機関を運転するための作業物質としては理想気体である必要はない．ただ，理想気体を使った場合には，(3.49) と (3.50) によって途中の過程で必要な熱量や仕事，熱機関の効率などの具体的な計算が容易にできる．

3.8　まとめとポイントチェック

　本章では，まず系が外からされる仕事を (3.2) のように系の状態量で表した．その結果を熱力学的なエネルギーの収支を表す (3.10) に代入し，エネ

ルギー保存則としての熱力学第1法則を (3.11) のように表現した．その後はこの (3.11) 式を基礎にして，熱容量を状態量で表したり，理想気体の熱力学的な性質を詳しく議論した．特に，理想気体が等温過程と断熱過程で外にする仕事を求めた．これらは次章で議論する熱機関の効率などの計算には必須であり，本章でちゃんと理解しておく必要がある．

ポイントチェック

- ☐ 系の外からされる仕事が系の状態量で表されることが理解できた．
- ☐ いろいろな熱力学的過程があることがわかった．
- ☐ 1変数関数と2変数関数の微小変化の表式が理解できた．
- ☐ 定積熱容量と定圧熱容量が状態量の微分で表されることがわかった．
- ☐ ジュールの法則の意味がわかった．
- ☐ 理想気体が断熱過程で満たすポアッソンの法則が理解できた．
- ☐ p-V 図での等温曲線と断熱曲線とは何かがわかった．
- ☐ 理想気体が等温過程と断熱過程で外にする仕事はいくらかがわかった．

1 温度と熱 → 2 熱と仕事 → 3 熱力学第1法則 → **4 熱力学第2法則** → 5 エントロピーの導入 → 6 利用可能なエネルギー → 7 熱力学の展開 → 8 非平衡現象 → 9 熱力学から統計物理学へ

4 熱力学第2法則

> **学習目標**
> ・熱機関とは何かを理解する．
> ・カルノー・サイクルを説明できるようになる．
> ・クラウジウスの原理とトムソンの原理の意味を理解する．
> ・熱力学第2法則とは何かを説明できるようになる．
> ・カルノー機関の効率は作業物質によらないことを理解する．
> ・熱力学的絶対温度とは何かを理解する．

　熱力学第2法則を議論する前に，まず熱機関のはたらきを考えてみよう．熱機関とは高温の熱源* と低温の熱源の間で作動し，この温度差を使って有用な仕事を循環過程（サイクル）で取り出そうとする機関である．火力発電所は典型的な熱機関であり，原子力発電所でも初めのエネルギー源はウランなどの原子核に宿るエネルギーではあるが，最終段階の発電の直前は熱機関である．また，昔なつかしい蒸気機関車は熱機関そのものである．さらに，日常的に使っている冷蔵庫やエアコンは，熱機関に外から仕事を加えてそれを逆向きに運転し，周囲との温度差をつけている．

　このように，熱機関は産業的な面だけでなく，私たちの日常生活にとっても重要な役割を果している．したがって，熱機関が原理的にどのようにできていて，その効率にはどんな制限があるかは科学的な興味だけでなく，社会的にも重大な意味がある．本章ではこの問題を，前章で詳しく考察した熱力学第1法則（エネルギー保存則）を基礎にして議論する．このことから熱現象の本質が見えてくるのであって，それをまとめたのが熱力学第2法則である．また，そこからエントロピーという概念が自然に導入されることになる．

---

　* 熱源とは熱浴ともいい，考える系に比べて非常に大きく，温度が一定で，それとの接触によって系へ熱の出入りがあっても温度が変化しないような物体をいう．

4.1 カルノー・サイクル

　水力発電では滝のように落ちる水の落差の位置エネルギーを運動エネルギーに，さらにそれをタービンの回転に変えて，それに連動した発電機から電力として有用な仕事を取り出している．ところが，温度差がある二つの物体を単にくっ付けると，熱エネルギーが熱流として単純に高温側から低温側に流れるだけである．これは熱エネルギーの散逸とよばれ，温度差があって熱流が生じるような熱平衡にない状況（非平衡状態という）ではいつでも熱エネルギーの散逸が起こる．このような場合には折角の温度差も有用な仕事として外に取り出すことができない．

　なぜ熱流の場合は水流と同じように簡単に仕事が取り出せないのかと疑問に思うかもしれない．実は，そこに熱の本性が潜んでいるのである．水の場合にはそれが全体として一方向に流れるので，タービンや水車を回して容易に仕事を取り出すことができる．ところが，熱流では流れといっても実際にものが流れているわけではないので，熱流そのもので直接タービンや水車を回すことができない．温度差から有用な仕事を引き出すにはそれなりの工夫が必要なのである．

　ここはポイント！ 熱機関とは高温熱源と低温熱源を結び付け，その間の温度差という熱エネルギーの落差を熱力学的な循環過程を通して有用な仕事に換え，それを外に取り出そうとする装置である．水力発電の場合には水を流すだけでよかったが，熱機関では温度差に従って単に熱を流すだけでは熱エネルギーの散逸が起きてしまう．この無駄な散逸を押さえつつ，1サイクルののちには元の状態に戻るような装置の工夫が必要である．このような問題を解決しようとして，これまでワットの蒸気機関とかディーゼルエンジンなどの熱機関が考案されてきた．そして，それらのすべてに共通する原理を詳しく考察したのがカルノー（1824年）であり，その努力によって熱の本性が明らかとなってきたのである．

4.1 カルノー・サイクル

　熱機関にとって致命的に無駄な熱エネルギーの散逸は，接触している物体の間の温度差によって起こる．それならば，熱機関をその作動サイクルの途中で温度差を限りなく小さくして，準静的過程で運転すればいいのではないか．準静的に運転すると運転時間が非常に長くなるが，ここではまず熱エネルギーの散逸を限りなく小さくした理想的な熱機関を考え，その効率を考察してみよう．このような熱機関は熱エネルギーの散逸という無駄がないので，最大の効率をもつと考えられる．しかもこの熱機関は準静的過程で運転されるので，逆向き運転も可能な可逆機関でもある．

　前章の例題 5 では理想気体は断熱過程で自身の温度を下げることによって，また，例題 6 では等温過程で外から熱を吸収することによって，外に仕事をすることができることを示した．特に等温過程の結果は，温度差がなくても理想気体の体積を変えることによって熱を移動させることが可能であることを意味している．しかし，別に理想気体でなくても，断熱過程や等温過程で物質の体積を変えることができる．したがって，熱機関の作業物質を理想気体に限定する必要はない．前章の終りで理想気体を例に取り上げたのは，計算が簡単だからにすぎない．実際，冷蔵庫の作業物質に理想気体が使われているわけではない．

　カルノーの基本的なアイデアは熱機関の作業物質を熱力学的な系と見なし，図 3.10 に示したような等温過程と断熱過程を図 4.1 のように 4 段階の循環過程（サイクル：A→B→C→D→A のような 1 周過程）に組

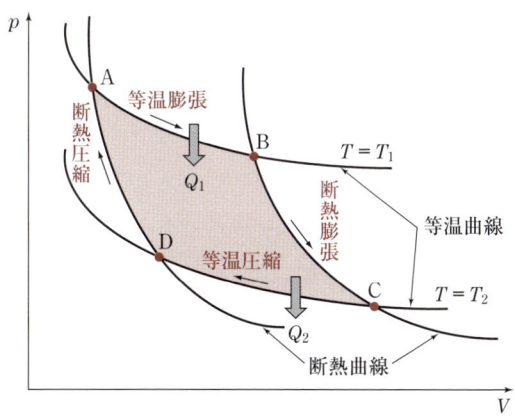

図 4.1 p-V 図でのカルノー・サイクル

み合せて，循環的に系（作業物質）の体積を変えることにある．こうして，高温熱源の熱を作業物質を介して低温熱源に準静的にゆっくりと移動させるとともに，外に仕事を取り出すのである．このような循環過程を，考案者の名にちなんで**カルノー（Carnot）・サイクル**という．

前章では系が外にする仕事を W' として，外からされる仕事と区別した．しかし，そうすると今後の議論がかえって煩雑になるので，今後は系が1サイクルの間に外にする仕事を W と記すことにしよう．すると，W は (3.7) より

$$W = \oint p\,dV \tag{4.1}$$

と表される．ここで $\oint$ は指定された経路を1周だけぐるりと積分する記号であり，ここでは図 4.1 のカルノー・サイクルを，例えば点 A から出発して A→B→C→D→A のように1周積分することを表す．

以下に，カルノーの熱機関（以後，カルノー機関と書く）の1サイクルを4段階に分けて見てみよう．図 4.2 のような，ピストン付きのシリンダーがあり，その中に適当な作業物質が閉じ込められているとする．前に記したように，この作業物質は理想気体である必要はない．この装置のピストン壁に対向するシリンダー壁だけは熱をよく通す透熱壁でできており，ピストンやシリンダーの他の部分の壁はすべて熱を通さない断熱壁でできているものとする．

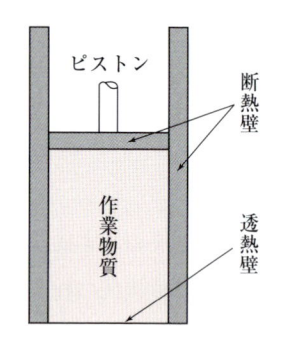

図 4.2 シリンダーとピストンから成る熱機関

（1） 第1段階：高温熱源との接触による等温膨張

図 4.3 のように，シリンダーの透熱壁を温度 T_1 の高温熱源に接触させ，シリンダー内の作業物質を温度 T_1 のままでゆっくりと準静的に等温膨張させる．このとき，作業物質は高温熱源から熱量 Q_1 を吸収し，外部に仕事 W_1

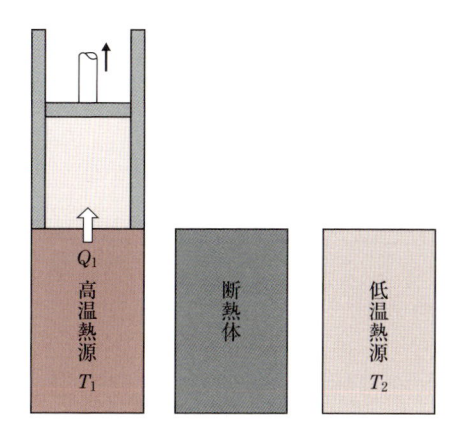

図 4.3 第1段階

をする．図 4.1 に示した作業物質の p-V 図では，この第 1 段階で状態 A（温度 T_1，体積 V_A，圧力 p_A）から状態 B（温度 T_1，体積 V_B，圧力 p_B）に移行する．このとき，W_1 は

$$W_1 = \int_{A \to B} p\, dV \tag{4.2}$$

と表される．上式の右辺は，図 4.1 で状態 A から状態 B まで等温曲線に沿って積分することを意味する．したがって，W_1 は A から B までの等温曲線と横軸（V 軸）の間の V_A から V_B までで囲まれた面積である．これは (4.1) で表される仕事の第 1 段階の部分である．

問題 1 作業物質が n [mol] の理想気体の場合に，この第 1 段階で作業物質が外にする仕事 W_1 を求めよ．また，このとき，作業物質が高温熱源から受け取る熱量 Q_1 を求めよ．

（2） 第 2 段階：断熱体との接触による断熱膨張

このとき，図 4.4 のようにシリンダー内の作業物質はすっかり断熱体に囲まれているので，作業物質への熱の出入りはない（$\delta Q = 0$）．したがって，

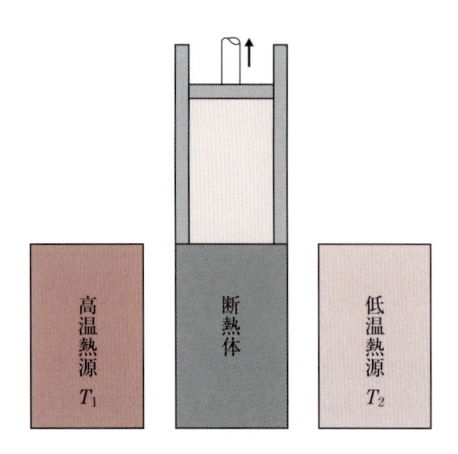

図 4.4 第 2 段階

作業物質が膨張してピストンを介して外に仕事をする限り，その内部エネルギーが失われ，温度が下がる．そこで，作業物質の温度が高温熱源の温度 T_1 から低温熱源の温度 T_2 になるまで，ゆっくりと準静的に断熱膨脹させる．この段階で作業物質が外になした仕事を W_2 とする．図 4.1 ではこの段階で状態 B から状態 C（温度 T_2, 体積 V_C, 圧力 p_C）に移行する．このとき，W_2 は

$$W_2 = \int_{B \to C} p\, dV \tag{4.3}$$

と表され，右辺は図 4.1 で状態 B から状態 C まで断熱曲線に沿って積分することを意味する．したがって，W_2 は B から C までの断熱曲線と横軸（V 軸）の間の V_B から V_C までで囲まれた面積である．これは (4.1) で表される仕事の第 2 段階の部分である．

問題 2 作業物質が $n\,[\mathrm{mol}]$ の理想気体（定積熱容量：C_V）のときに，この第 2 段階で外にする仕事 W_2 を求めよ．

問題 3 作業物質が理想気体のとき，この第 2 段階の初めの体積 V_B と終りの体積 V_C が $V_C = (T_1/T_2)^{\frac{1}{\gamma-1}} V_B$ を満たすことを示せ．

（3） 第3段階：低温熱源との接触による等温圧縮

図 4.5 のように，シリンダーの透熱壁を温度 T_2 の低温熱源に接触して作業物質の温度を T_2（$< T_1$）に保ち，ゆっくりと準静的にピストンを押して等温圧縮する．このとき，温度一定の作業物質が外から仕事をされるので，それは過剰な熱量 Q_2 を低温熱源に放出する．図 4.1 では，この第 3 段階は状態 C から状態 D（温度 T_2, 体積 V_D, 圧力 p_D）に移行する．ただ，系が 1 サイクルの間に外にする仕事を (4.1) のように表したので，この段階でも系が外にする仕事として W_3 とおく．

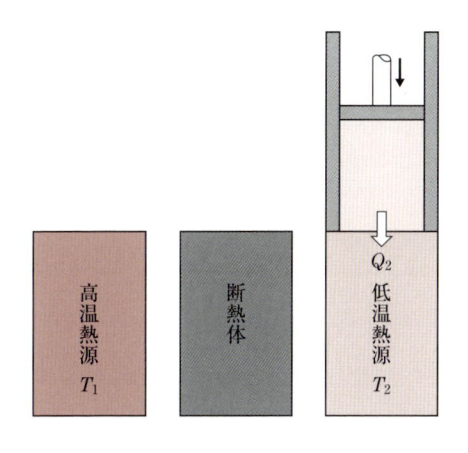

図 4.5 第 3 段階

すると W_3 は

$$W_3 = \int_{C \to D} p\, dV \tag{4.4}$$

と表され，この右辺は図 4.1 で状態 C から状態 D まで等温曲線に沿って積分することを意味する．これは (4.1) で表される仕事の第 3 段階の部分である．上式では V の積分が負の向きになされるので，$W_3 < 0$ である．これは系が仕事をするのではなくて，されることを表す．また，その絶対値 $|W_3|$ は図 4.1 の D から C までの等温曲線と横軸（V 軸）の間の V_D から V_C までで

囲まれた面積である．

問題 4 作業物質が n [mol] の理想気体のとき，この第3段階で外にする仕事 W_3 を求め，それが負であることを確かめよ．このとき，作業物質が低温熱源に出す熱量 Q_2 を求めよ．

（4） 第4段階：断熱体との接触による断熱圧縮

図 4.6 のように，シリンダーの透熱壁を断熱体と接触し，ピストンを押して作業物質を圧縮する．このとき，作業物質は周囲が断熱壁で囲まれており，外からの圧縮でなされた仕事は熱として外に逃げることはできないので温度が上がることになる．そこで作業物質の温度が高温熱源の温度 T_1 になるまで，ゆっくりと準静的に断熱圧縮する．図 4.1 では，この段階は状態 D から状態 A に移行する．この場合も第3段階と同様に，形式的に系が外に仕事 W_4 をしたと見なそう．

すると W_4 は

$$W_4 = \int_{D \to A} p \, dV \tag{4.5}$$

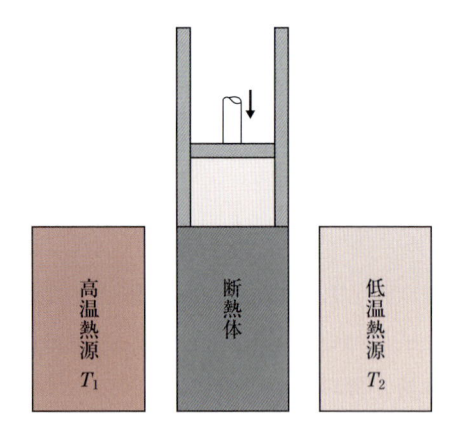

図 4.6 第4段階

と表され，右辺は図 4.1 で状態 D から状態 A まで断熱曲線に沿って積分することを意味する．これは（4.1）で表される仕事の第 4 段階の部分である．やはり上式で V による積分が負の向きになされるので，$W_4 < 0$ である．これは系が仕事をするのではなくて，されることを意味する．また，その絶対値 $|W_4|$ は図 4.1 の A から D までの断熱曲線と横軸（V 軸）の間の V_A から V_D までで囲まれた面積である．

問題 5 作業物質が n [mol] の理想気体（定積熱容量 C_V）のとき，この第 4 段階で作業物質が外にする仕事 W_4 を求め，それが負であることを確かめよ．

問題 6 作業物質が理想気体のとき，この第 4 段階の初めの体積 V_D と終りの体積 V_A が $V_D = (T_1/T_2)^{\frac{1}{\gamma-1}} V_A$ を満たすことを示せ．

以上で作業物質の状態は出発点の状態 A に戻り，熱機関としては 1 サイクルが終了したことになる．もちろん，第 4 段階において作業物質の断熱圧縮で状態 D からちょうど元の状態 A に至るには，状態 D の位置の調整が必要である．しかし，これは単なる技術的な問題である．重要なことは，このカルノー・サイクルの中の等温過程では温度差をつけないし，断熱過程では温度差の原因である熱源との接触を断っているので，系と熱源との間に直接温度差がつくようなことはどの段階でも全くないことである．その上，1 サイクルのすべての過程で系としての作業物質の状態変化が準静的になされているので，系内での非平衡状態による無駄な熱の発生もない．

結局，カルノー・サイクルでは高温熱源から受け取った熱の無駄使いが一切ない．この意味で，以上のカルノー機関は効率が最大の理想的な熱機関と見なされる．それでは，カルノー機関の効率は 100％であろうか．それが次節からの問題である．

4.2 カルノー・サイクルの考察

カルノー機関の1サイクルを熱力学第1法則によって考察してみよう．いま，ある系が外から受け取る熱エネルギーを ΔQ，外からなされる仕事を ΔW とすると，エネルギーの保存を主張する熱力学第1法則により，系の内部エネルギーの増加 ΔE は

$$\Delta E = \Delta Q + \Delta W \tag{4.6}$$

と表される．

ところが，カルノー・サイクルでは系としての作業物質の状態は1サイクルの後に正確に元の状態に戻っていて，内部エネルギーの変化はなく，

$$\Delta E = 0 \tag{4.7}$$

である．また，前節で詳しく議論し図4.1にも示してあるように，作業物質は第1段階の等温膨張過程で高温熱源から熱量 Q_1 を受け取り，第3段階の等温圧縮過程で低温熱源に熱量 Q_2 を出している．残る第2と第4の段階は断熱過程なので熱の出入りはない．したがって，系としての作業物質が1サイクルの間に外から得る熱量 ΔQ は

$$\Delta Q = Q_1 - Q_2 \tag{4.8}$$

と表される．

他方，1サイクルの間に系が外にする仕事は (4.1) より W としたので，系が外からされる仕事 ΔW は

$$\Delta W = -W \tag{4.9}$$

である．さらに，(4.1) の右辺の積分は各段階の積分の和

$$\oint p\,dV = \int_{A \to B} p\,dV + \int_{B \to C} p\,dV + \int_{C \to D} p\,dV + \int_{D \to A} p\,dV$$

で表され，上式の右辺のそれぞれの積分が (4.2)〜(4.5) より W_i ($i = 1$〜4) なので，系が1サイクルの間に外にする仕事 W は

$$W = W_1 + W_2 + W_3 + W_4 \tag{4.10}$$

4.2 カルノー・サイクルの考察

である.

問題 7 作業物質が n [mol] の理想気体のとき, $V_B/V_A = V_C/V_D$ が成り立つことを示せ.

問題 8 作業物質が n [mol] の理想気体のとき, (4.10) の W を求めよ.

問題 9 作業物質が 1 サイクルの間に外にする仕事 W は図 4.1 における 1 サイクル A→B→C→D→A の曲線が囲む面積に等しいことを示せ.

以上により, (4.7)〜(4.9) を (4.6) に代入すると, 系としての作業物質が 1 サイクルの間に外にする仕事 W は

$$W = Q_1 - Q_2 \tag{4.11}$$

と表される. これは, 1 サイクルの終了時には系の状態がすっかり元の状態に戻っているので, その作業物質が 1 サイクルの間に熱源から得た実質的な熱エネルギー ($Q_1 - Q_2$) の分だけ外に仕事をすることを表している.

＜ここはポイント！＞

今後の議論のために, カルノー機関の 1 サイクルを図 4.7 のような簡略図で示すことにする. ここで上部の T_1 は温度 T_1 の高温熱源を, カルノーの頭文字をとった C は作業物質を含んだシリンダーとピストンの部分を, 下部の T_2 は温度 T_2 の低温熱源を表す. 図の矢印は熱や仕事の形でのエネルギーの収支を示しているので, この図から熱力学第 1 法則（エネルギー保存則）を表す (4.11) は明らかであろう.

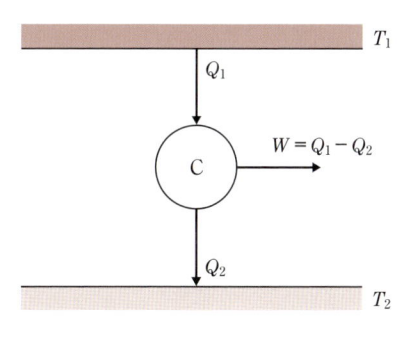

図 4.7 カルノー機関

前にも記したように, カルノー機関は可逆機関なので, これまでとは逆向きに運転することもできる. 図 4.1 での逆運転は, これまでの A→B→C→D→A の代りに, 例えば D→C→B→A→D と運転して 1 サイクルと

なる．すると1サイクルの間のすべての段階で熱と仕事のやり取りが逆転するので，作業物質は外からの仕事 W によって低温熱源から熱量 Q_2 を汲み取り，高温熱源に熱量 Q_1 を出す．このとき，エネルギー保存則から

$$W = Q_1 - Q_2 \tag{4.12}$$

が成り立つ．熱と仕事のやり取りが逆になっただけなので，(4.11) と全く同じ式が成り立つのは当然であろう．

また，カルノー機関の逆運転の1サイクルを図示すると図4.8となる．このとき，カルノー機関は外からの仕事 W を使って低温熱源から熱量 Q_2 を汲み上げ，高温熱源に熱量 Q_1 を吐き出しているので，これは熱（ヒート）ポンプと見なされる．本来，熱は高温物体から低温物体に流れるのであるから，このようなポンプを運転するには，この機関に外から仕事をしなければならない．日常的に使っている冷蔵庫やエアコンは熱ポンプであって，例えば冷蔵庫では，電力（外からの仕事に相当）を消費することによって，庫内から外に熱エネルギーをはき出して庫内の低温状態を維持しているのである．

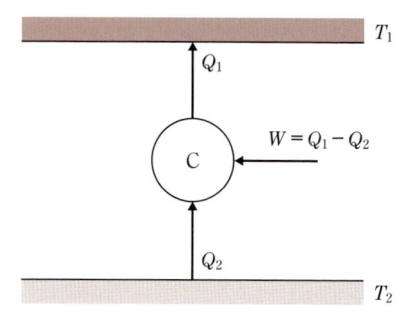

図 4.8 カルノー機関の逆運転

問題 10 エアコンの場合の熱と仕事のやり取りはどうか．夏の冷房と冬の暖房に分けて考えてみよ．

4.3　カルノー機関の効率 (1)

熱機関の効率は，その熱機関が外から取り入れた熱 Q を使って有効な仕事 W を外に取り出すときの変換率

4.3 カルノー機関の効率 (1)

$$\eta = \frac{W}{Q} \tag{4.13}$$

として定義される．すると，カルノー機関では $Q = Q_1$ であり，(4.11) より $W = Q_1 - Q_2$ なので，カルノー機関の効率 η_C は

$$\eta_\mathrm{C} = 1 - \frac{Q_2}{Q_1} \tag{4.14}$$

と表される．

このとき，もし図 4.9 のように低温熱源に熱を捨てなければ，$Q_2 = 0$ であり，$\eta_\mathrm{C} = 1$ となる．これは吸収した熱がすべて仕事として利用できることを意味する．実際，理想気体の等温過程では内部エネルギーの変化がなくて $\Delta E = 0$ であり，(3.50) より $Q = W$ である．これは吸収した熱がすべて仕事になることを意味し，この過程だけ

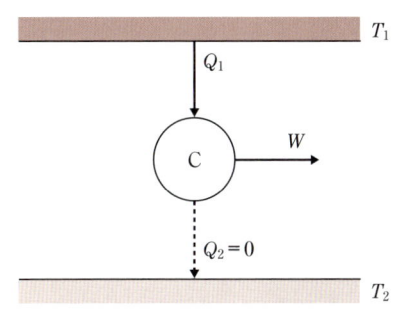

図 4.9 効率 100%の熱機関は不可能

の効率は 100%である．しかし，これは図 4.1 でいうと，状態 A から B への変化だけに相当し，図 4.3 で言えば，ピストンが上がるだけである．熱機関として引き続き仕事を取り出すためには，ピストンを下げる工夫をしなければならない．ところが等温過程だけでは，前に得た仕事 W を全部使ってもとの状態 A に戻らなければならない．これでは何もしたことにならない．別の言い方をすると，水流があればそれを使って回転し仕事をするタービンまたは水車を作ることは簡単である．しかし，温度が一定のままで熱流があっても，それで一方向に回転し続けるタービンまたは"熱車"なるものは作ることができないのである．

以上のように，等温過程だけでは決して熱機関としてのサイクルは作れず，有効な仕事を取り出すことはできない．カルノー機関ではこれを克服するた

めに，高温での等温膨張過程では作業物質が外から大きな熱を吸収して大きな仕事をし，低温での等温圧縮過程で外から小さな仕事をされて小さな熱を吐き出すことで仕事量の差を作る．そして，これら両過程を断熱過程で熱の出入りを断って作業物質の温度を上げ下げしてつなぎ，全体として循環過程（サイクル）にしているのである．

> ここは
> ポイント！

ともかく，経験的な事実として，どのような熱機関でも低温熱源に熱を捨てることは避けられないのである．すなわち，$Q_2 \neq 0$なので$\eta_\mathrm{C} < 1$であり，無駄使いである熱の散逸を一切なくしたカルノー機関でもその効率は100%にはなり得ない．また，水力発電の場合と違って，熱機関ではなぜ循環過程（サイクル）にしなければならないかもわかってきたであろう．

例題 1

出力1 kWのディーゼル・エンジンがある．燃料の重油の燃焼による発熱量は42×10^3 kJ/kgであるとしよう．このエンジンを1時間運転したところ，重油の消費量は0.25 kgであった．このエンジンの効率はいくらか．

解 出力1 kWのエンジンの1時間の仕事量Wは$W = 1 \times 10^3$ [Wh] $= 1 \times 10^3$ [J/s] $\times 3.6 \times 10^3$ [s] $= 3.6 \times 10^6$ [J] $= 3.6 \times 10^3$ [kJ]．エンジンを1時間運転したときの重油の消費量が0.25 kgなので，その燃焼熱Qは$Q = 42 \times 10^3$ [kJ/kg] $\times 0.25$ [kg] $= 10.5 \times 10^3$ [kJ]．よって，このエンジンの効率ηは

$$\eta = \frac{W}{Q} = \frac{3.6}{10.5} = 0.34$$

となる．

4.4　熱力学第2法則

前節の議論で最も重要なのは，低温熱源に捨てる熱量Q_2をゼロにできないことである．しかし，$Q_2 = 0$としても熱力学第1法則と矛盾するわけで

4.4 熱力学第2法則

はない.ここに,熱がからむ現象と力学的,電磁気的現象との本質的な違いがある.力学や電磁気学では一つの現象が可能なら,その逆向きの現象も可能である.ところが,熱は高温物体から低温物体に流れるが,その逆は自然には起きない.このことが効いているのである.言い換えると,熱現象の世界ではエネルギー保存則である熱力学第1法則の他に,熱に固有な別の独立な原理があるはずで,それがこれから議論する熱力学第2法則である.

クラウジウスは熱の流れの不可逆性あるいは一方向性が熱的現象の本質であるとして次のようにまとめた(1850年):

> 「他に何の変化を残すこともなく,熱を低温の物体から高温の物体に移すことはできない.」

これを**熱力学第2法則**,あるいは**クラウジウス(Clausius)の原理**という.これは図4.8を見れば明らかであろう.熱を低温熱源から汲み出して高温熱源に移すためには,どうしてもカルノー機関に仕事を与えて逆運転しなければならない.そのためにはエアコンや冷蔵庫のように電力などのエネルギーを供給せざるを得ず,他に何らかの変化を必ず残すことになる.それに対して,高温物体から低温物体への熱の流れは,金属などの熱伝導体をつなげばごく自然に起こる.クラウジウスの原理は,熱が高温から低温へ移る現象は不可逆であるという私たちの日常経験を原理として認めたことを意味する.

これに対して,トムソン(後のケルビン卿)はこの熱の移動の不可逆性を力学的に導こうとして果たせず,やはり熱の不可逆性を原理として認め,次のように表現した(1851年):

> 「一つだけの熱源を利用して,その熱源から熱を取り入れ,それを全部仕事に変えるような熱機関はあり得ない.」

これを**トムソン(Thomson)の原理**という.このとき,もう一つの熱源がないので,ちょうど図4.9の場合に相当する.すなわち,トムソンの原理はカルノー機関で $Q_2 = 0$ にはできないと宣言している.ちょっと前にも注意したように,理想気体の等温膨張を使えば,吸収した熱をすべて仕事にできる.

しかし，これだけではサイクルにできず，元に戻るためには前に得た仕事を全部そのまま使わなければならない．

トムソンの原理を破るような熱機関を考えてみよう．この機関を船に積み込めば，一つだけの熱源である海からほとんど無限の熱をくみ取って運転できるし，飛行機に利用すれば，やはり一つの熱源としての大気からほとんど無尽蔵の熱を吸収して飛行できることになる．このような熱機関を**第2種永久機関**という．これはエネルギー保存則を破るようなとんでもない第1種永久機関と違って，熱現象の不可逆性に関わる機関である．トムソンの原理はこんな都合のよい第2種永久機関は不可能であることを宣言している．

クラウジウスの原理とトムソンの原理は，ともに熱の流れの不可逆性を表現している．したがって，両者は密接に関係しているはずである．実際，両者は等価であることが示される．これは重要なことではあるが，これからの議論にはあまり関係しないので，興味ある読者のためにその証明を付録Aに与えておくことにする．

4.5 カルノーの第1定理

4.3節まででカルノー機関の効率は1（100%）より小さいことを示した．それでは図4.2〜4.6に示したシリンダーとピストンの中に閉じ込める作業物質として，何を使うのが最適であろうか．実は

「与えられた温度をもつ高温熱源と低温熱源の間ではたらくどのようなカルノー機関でも，その効率はすべて等しく，作業物質の種類によらない」

ことが示される．これを**カルノーの第1定理**といい，これからの議論に重要なので詳しく説明しよう．

いま，図4.10のように，作業物質の異なる二つのカルノー機関 C, C′ を，熱源を共有して結合する．このとき，機関Cから得られる仕事 $W = Q_1 - Q_2$

4.5 カルノーの第1定理

を利用して,機関 C' を逆運転する.C' もカルノー機関なので,逆運転しても $W = Q_1' - Q_2'$ である.すなわち,この結合機関 $C + C'$ の1サイクルの運転の結果は熱力学第1法則(エネルギー保存則)より

$$Q_1' - Q_1 = Q_2' - Q_2 \tag{4.15}$$

図 4.10

であり,この他には何の変化もなく,完全に元の状態に戻る.しかし,これだけでは上式がゼロとなるかどうかはわからない.そこで次のような議論をしてみる.

(ⅰ) まず,$Q_1' - Q_1 = Q_2' - Q_2 > 0$ であると仮定する.このとき図 4.10 より,結合機関 $C + C'$ は低温熱源から熱 $Q_2' - Q_2$ (>0) を汲み出し,高温熱源に $Q_1' - Q_1$ (>0) を放出することになり,他に何の変化も残さない.これは明らかにクラウジウスの原理に反しているので,

$$Q_1' - Q_1 = Q_2' - Q_2 \leqq 0$$

でなければならない.

(ⅱ) 次に,$Q_1' - Q_1 = Q_2' - Q_2$ < 0 と仮定しよう.このとき,結合機関 $C + C'$ を図 4.11 のように運転する.これは図 4.10 とはちょうど逆運転である.この場合も1サイクルの運転の結果,低温熱源から高温熱源に一方的に $Q_1 - Q_1' = Q_2 - Q_2'$ (>0) だけの熱が流れることになり,クラウジウスの原理に反する.

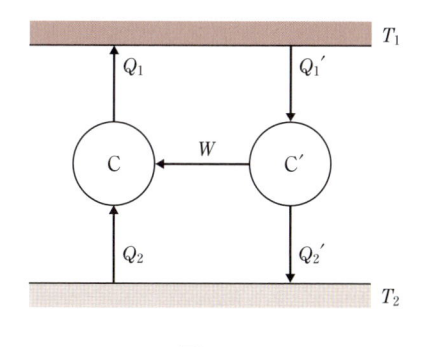

図 4.11

以上によって，結局
$$Q_1' - Q_1 = Q_2' - Q_2 = 0$$
でしかあり得ない．こうして図 4.10, 4.11 で
$$Q_1 = Q_1', \quad Q_2 = Q_2' \tag{4.16}$$
が成り立つことが示された．

ところで，カルノー機関 C, C' の効率 η_C, $\eta_{\mathrm{C}'}$ はそれぞれ
$$\eta_\mathrm{C} = \frac{W}{Q_1} = 1 - \frac{Q_2}{Q_1}, \quad \eta_{\mathrm{C}'} = \frac{W}{Q_1'} = 1 - \frac{Q_2'}{Q_1'}$$
なので，(4.16) より
$$\eta_\mathrm{C} = \eta_{\mathrm{C}'} \tag{4.17}$$
となる．これは同じ熱源間で作動するカルノー機関は作業物質によらず同じ効率をもつことを意味している．ところが熱源は温度だけで指定されるので，このことはまた，カルノー機関の効率は高温熱源の温度 T_1 と低温熱源の温度 T_2 だけで決まることを意味する：
$$\eta_\mathrm{C} = \eta_\mathrm{C}(T_1, T_2) \tag{4.18}$$
これはカルノーの第 1 定理の数式による表現である．

4.6 カルノー機関の効率 (2)

ここでは特に，作業物質として理想気体を使った場合のカルノー機関の効率を考えてみよう．このとき，機関が 1 サイクルの間に外にする仕事 W は問題 8 より
$$W = nR(T_1 - T_2)\ln\frac{V_\mathrm{B}}{V_\mathrm{A}} \tag{4.19}$$
であり，高温熱源から受け取る熱量 Q_1 は問題 1 より
$$Q_1 = W_1 = nRT_1 \ln\frac{V_\mathrm{B}}{V_\mathrm{A}} \tag{4.20}$$

4.6 カルノー機関の効率 (2)

である．したがって，その効率 η_C は，(4.13) より

$$\eta_C(\text{理想気体}) = 1 - \frac{T_2}{T_1} \tag{4.21}$$

で与えられる．これは確かに温度だけの関数であり，作業物質として理想気体を使った場合の (4.18) の具体的な表現である．

ところで，前節のカルノーの第1定理によれば，カルノー機関の効率は作業物質として何を使うかによらず，熱源の温度だけで決まる．つまり，かつて冷蔵庫のコンプレッサの中で使われていたフロンを作業物質としてカルノー機関を運転しても，熱源が同じであれば理想気体の場合と同じ効率 (4.21) をもつ．こうして，カルノー機関の効率は作業物質に無関係に

$$\eta_C = 1 - \frac{T_2}{T_1} \tag{4.22}$$

で与えられる．(4.21) での温度 T_1, T_2 は理想気体の温度として計算されたのであるが，実際には，それぞれ高温熱源，低温熱源に接触した理想気体の温度であり，その意味で，理想気体の温度というより熱源の温度なのである．

問題 11 100℃で沸騰している水を高温熱源に，20℃の水を低温熱源とするカルノー機関の効率を求めよ．

例題 2

ある燃料1kg当りの燃焼による発熱量を q [kJ/kg] とする．この燃料の燃焼によって高温熱源の温度を T_1 に保ち，低温熱源の温度を T_2 とするカルノー機関を運転する．このとき，M [kg] の燃料から得られる仕事 W [kJ] と低温熱源に放出する熱量 Q_2 [kJ] を求めよ．

解 燃料 M [kg] の燃焼によって得られる発熱量 Mq [kJ] が高温熱源の温度を保つのに使われるので，これが高温熱源が出す熱量 Q_1 [kJ] である．

$$\therefore \quad Q_1 = Mq$$

熱機関の効率の定義 (4.13) とカルノー機関の効率 (4.22) より，

$$\frac{W}{Q_1} = \frac{W}{Mq} = 1 - \frac{T_2}{T_1}, \quad \therefore \quad W = \left(1 - \frac{T_2}{T_1}\right) Mq$$

低温熱源に出す熱量 Q_2 は (4.11) より

$$Q_2 = Q_1 - W = \frac{T_2 Mq}{T_1}$$

ちなみに,石炭と灯油の発熱量 q はそれぞれ,$(20\sim35) \times 10^3$ [kJ/kg],$(44\sim47) \times 10^3$ [kJ/kg] である.

問題 12 灯油を燃やして高温熱源の温度を 300℃ に保ち,低温熱源の温度を 20℃ とするカルノー機関がある.この機関の効率を求めよ.また,灯油を 10 kg 燃やしたときに高温熱源が出す熱量 Q_1,得られる仕事 W と低温熱源に出す熱量 Q_2 を求めよ.ただし,灯油の 1 kg 当りの燃焼による発熱量を 45×10^3 [kJ/kg] とする.

問題 13 低温熱源の温度が 0℃ で,効率 15% のカルノー機関の高温熱源の温度を求めよ.また,効率を 2 倍にするためには高温熱源の温度をいくらにすればよいか.

4.7 熱力学的絶対温度

カルノーの第 1 定理によれば,カルノー機関の効率は作業物質によらず,熱源の温度だけで決まるということであった.これは言い換えると,作業物質に無関係な,普遍的な温度スケールがカルノー機関によって決められるということでもある.カルノー機関の効率によって決定される,このような温度を**熱力学的絶対温度**という.

それでは,この熱力学的絶対温度を具体的にはどのように決めたらよいであろうか.ここでもカルノーの第 1 定理をよりどころにして,理想気体をすべての作業物質の代表に使えばよい.なにしろ,理想気体はその熱力学的性質が古くからよく知られており,すべての物質の基準となるような物質なのだから.理想気体の温度は 1 気圧の下で水と氷が共存する温度(摂氏温度の 0℃)と,同じく 1 気圧の下で水が沸騰する温度(摂氏温度 100℃)の間を

摂氏温度と同じく 100 等分する目盛りをもち，状態方程式 $pV = nRT$ を満たすように決められる．このとき，$T = 0$ となる温度は摂氏目盛りで $-273.15\,℃$ であることが知られている．

こうして熱力学的絶対温度 T として，理想気体の温度 T を採用し，単位として K（ケルビン）とおく．したがって，摂氏温度 0℃ と 100℃ は絶対温度ではそれぞれ 273.15K，373.15K に当り，絶対温度 T [K] と摂氏温度 t [℃] の間には

$$T = t + 273.15 \tag{4.23}$$

という関係が成り立つ．

4.8　まとめとポイントチェック

本章ではカルノー・サイクルを詳しく考察し，それを使った熱機関としてのカルノー機関の性質や特徴を調べた．結果として，カルノー機関の効率は作業物質として何を使うかによらないことがわかった点が重要である．

また，熱力学第 2 法則としてのクラウジウスの原理やトムソンの原理は日常的な経験事実としての熱の振舞いを熱力学の基礎に据えたものであることを学んだ．

ポイントチェック

- ☐ カルノー・サイクルの各過程での熱と仕事の出入りがわかった．
- ☐ カルノー機関は図 4.7 で表されることが理解できた．
- ☐ 熱機関は循環過程（サイクル）にしなければならないことがわかった．
- ☐ クラウジウスの原理とトムソンの原理のそれぞれが何を意味しているかがわかった．

- [ ] カルノー機関の効率は作業物質として何を使うかによらないことがわかった.
- [ ] カルノー機関の効率は100%にできないことがわかった.
- [ ] 熱力学的絶対温度の意味が理解できた.

1 温度と熱 → 2 熱と仕事 → 3 熱力学第1法則 → 4 熱力学第2法則 → 5 エントロピーの導入
→ 6 利用可能なエネルギー → 7 熱力学の展開 → 8 非平衡現象 → 9 熱力学から統計物理学へ

5 エントロピーの導入

学習目標

- カルノー機関で保存する量があることを理解する.
- 一般の準静的サイクルに関するクラウジウスの関係式を理解する.
- 新しい状態量としてのエントロピーを理解する.
- 状態量でない微小な熱量を状態量である温度とエントロピーで表す.
- エントロピーとは何かを説明できるようになる.
- 熱力学第2法則を式で表現する.

　熱力学第2法則というと何か大げさに聞こえ,取りつきにくいように感じるかもしれない. 実際には前章でみたように, これは熱が高温の物体から低温の物体に流れるという, 日常生活ではごく当り前の事実を問題にしているにすぎない. ただ, 前章の段階ではクラウジウスの原理に見られるように, この常識的な現象を定性的にしか表現していなかった. 科学の発展のためにはこれを何とか定量的に表現したい. やはり前章で強調したように, たとえ熱が自然に低温の物体から高温の物体に移動したとしても, 熱力学第1法則(エネルギー保存則)に反するわけではない. そんなことが現実には決して起こらないということは, 状態量としての内部エネルギーとは別の, 何か熱の本性に関わる状態量が必要であり, あるに違いないということになるであろう. それが本章で導入されるエントロピーなのである.

5.1　カルノー機関での保存量

　前章に続き, もう一度カルノー機関を考えてみよう. 図4.7に示したように, カルノー機関では1サイクルの間に温度 T_1 の高温熱源から熱量 Q_1 を受け取り, 外に有効な仕事 W をして, 温度 T_2 の低温熱源に熱量 Q_2 を放出する.

この間，準静的に運転されるので，エネルギーの散逸がない．したがって，次のエネルギー保存則が成り立つ．

$$Q_1 = Q_2 + W \tag{5.1}$$

このことはこれまで熱力学第1法則の結果として当然のように使ってきたが，実は見逃せない重要なことがある．図4.7を見ると確かに熱は高温熱源から低温熱源に流れているが，外への仕事 W があるために，$Q_1 \neq Q_2$ である．すなわち，熱量は保存されない．このことだけでも，熱量 Q という量は系の状態量にはなり得ないことがわかる．

それでは，このカルノー機関という系には内部エネルギー E の他に何か保存する量がないのであろうか．それを考えるために，カルノー機関の効率をもう一度見てみよう．カルノー機関の効率 (4.14) と (4.22) より

$$\eta_\mathrm{C} = 1 - \frac{Q_2}{Q_1} = 1 - \frac{T_2}{T_1} \tag{5.2}$$

が成り立つ．これを少し変形すると

$$\frac{Q_1}{T_1} = \frac{Q_2}{T_2} \tag{5.3}$$

となる．図4.7からわかるように，上式左辺の量 Q_1/T_1 は高温熱源からカルノー機関Cに入るある量であり，右辺 Q_2/T_2 はCから低温熱源に出て行くある量であって，(5.3)はこれら二つの量が等しいことを示している．

すなわち，カルノー機関では熱量 Q を温度 T で割った

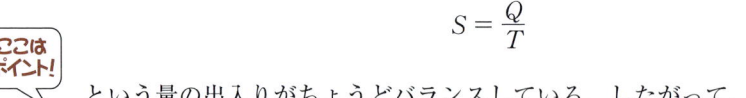

$$S = \frac{Q}{T} \tag{5.4}$$

> ここはポイント！

という量の出入りがちょうどバランスしている．したがって，カルノー機関Cを1サイクル運転して元に戻ると，この量 S が元の値に戻ることになり，機関Cの状態を指定する量としての資格をもつ．この状態量 S を**エントロピー**という．その単位は，熱量の単位を [J] とするか [cal] とするかによって，[J/K] または [cal/K] である．

ただし，これまでの議論からわかるように，(5.4) で定義したエントロピー S はカルノー機関だけの状態量であり，図 4.1 に示したような p-V 図上の A→B→C→D→A という過程で保存される量である．それでは，図 5.1 のような任意の作業物質に対する一般の準静的サイクル C に対し

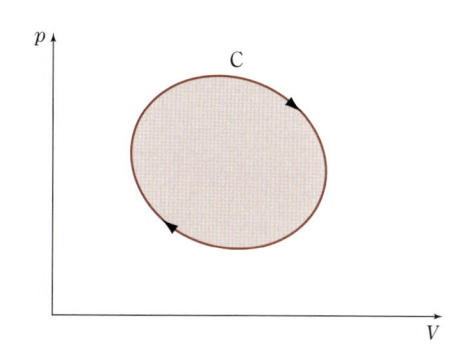

図 5.1 一般の準静的サイクル C

ても，上に定義した S は保存量であろうか．もしそうなら，エントロピー S は確かにどのような場合にも適用できる熱力学的な状態量と見なすことができる．これを次節で確かめることにしよう．

また，熱量 Q や温度 T の意味は常識的に理解できるが（内部エネルギー E もそうであろう），それではエントロピー $S = Q/T$ は具体的には何を意味するのであろうか．S の大小は直観的にはどのように理解できるのであろうか．これも後で議論しよう．

問題 1 カルノー機関が温度 1000K の高温熱源と 300K の低温熱源の間で運転されている．この機関が 1 サイクルの間に高温熱源から取り込む熱量を $Q_1 = 500$ [J] であるとして，それによるこの機関の作業物質のエントロピーの増加分 ΔS [J/K] はいくらか．また，1 サイクルの間にこの機関が低温熱源に放出する熱量 Q_2 [J] を求めよ．

5.2 クラウジウスの関係式

図 5.1 に示したように，ある物質に対する準静的サイクル C があるとする．この物質についての等温曲線群，断熱曲線群を p-V 図の上に微小な間隔でびっしりと描いたのが図 5.2 である．カルノー・サイクルの場合の図

4.1 では，これらの曲線群のうち，等温曲線と断熱曲線がそれぞれ 2 本ずつ使われていることに注意しよう．こうして，p-V 平面は等温曲線，断熱曲線によるメッシュ（網目）で覆われ，特にサイクル C およびその内部が微小なメッシュで覆われることになる．ところが図 5.2 のサイクル C の中の点線で囲まれている

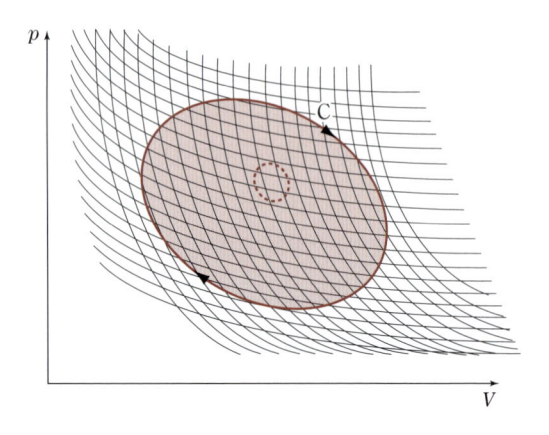

図 5.2 p-V 図での一般の準静的過程 C と微小なカルノー・サイクルの集まり

微小なメッシュを一つ取ってみると，これは等温曲線と断熱曲線でできているので，微小なカルノー・サイクルと見なすことができる．

いま，サイクル C 上の各点で系の外部から入る熱や系から外部に出る熱をそのまま考える代わりに，C 上およびその内部を覆うすべての微小なカルノー・サイクル（メッシュ）での熱のやり取りがどうなっているかを考えてみよう．これらの微小なカルノー・サイクルのうちで i 番目のものに注目し，それを拡大して図 5.3 に示す．そのメッシュの各辺に出入りする熱量を δQ_i，温度を T_i とする．このとき量 $\delta Q_i/T_i$ の，C 上およびその内部を覆うすべてのメッシュについての総和

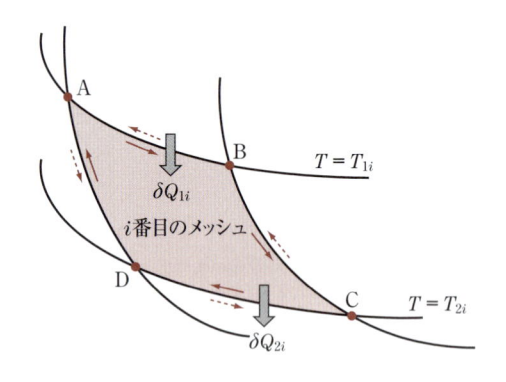

図 5.3 サイクル C の中の i 番目の微小なカルノー・サイクル

5.2 クラウジウスの関係式

$$\sum_i \frac{\delta Q_i}{T_i} \tag{5.5}$$

を二つの方法で計算してみる．ただし，図5.3を見てわかるように，一つのメッシュにはそれに入る熱とそれから出る熱がある．ここでは両方とも考慮するとともに，前章までと違って，熱の収支を正負で区別することにしよう．すなわち，メッシュに入る方の δQ は正の量であるが，メッシュから出る方の δQ は負の量であると考えるのである．

まず，図5.3に示した，閉曲線Cの中の i 番目のメッシュについて考える．このとき，このメッシュについての $\delta Q_i/T_i$ は，図のA→BとC→Dだけで熱の出入りがあるので，

$$\frac{\delta Q_i}{T_i} = \frac{\delta Q_{1i}}{T_{1i}} + \frac{\delta Q_{2i}}{T_{2i}}$$

と表される．ここで，δQ_{2i} はメッシュ i から出る方の熱量なので，負の量である．また，このメッシュはカルノー・サイクルなので，(5.3) よりこの場合には

$$\frac{\delta Q_{1i}}{T_{1i}} = \frac{|\delta Q_{2i}|}{T_{2i}}$$

が成り立つ．(5.3) はすべて正の量で表された関係なので，上式の右辺の分子に絶対値の記号を付けた．ところが，δQ_{2i} が負だから，$\delta Q_{2i} = -|\delta Q_{2i}|$ とも表される．これを上式に代入すると

$$\frac{\delta Q_{1i}}{T_{1i}} + \frac{\delta Q_{2i}}{T_{2i}} = 0 \tag{5.6}$$

となる．これはカルノー・サイクルを1サイクル運転した後で作業物質のエントロピーが変化しないことを意味し，(5.3) と同じことを表している．結局，i 番目のメッシュ（カルノー・サイクル）についての量 $\delta Q_i/T_i$ はゼロとなる．したがって，サイクルC上およびその内部を覆うすべてのメッシュについての総和である (5.5) は

$$\sum_i \frac{\delta Q_i}{T_i} = 0 \tag{5.7}$$

となる．

　他方，図 5.3 に示した微小なカルノー・サイクルが閉曲線 C の内部にあるとすると，このメッシュに隣接したメッシュが必ずある．したがって，例えば，図 5.3 で A → B という等温膨張過程（実線の矢印 ——→）には，ちょうど一つ上のメッシュでの B → A という等温圧縮過程（破線の矢印 ←----）と重なり，状態 A と B の間の操作がちょうど打ち消される．このことは状態 B と C，C と D，D と A の間でも成り立つ．ただし，閉曲線 C と重なるメッシュにおいて，C と交わる辺上ではこのキャンセルは起こらない．以上によって，(5.5) は

$$\sum_i \frac{\delta Q_i}{T_i} = \sum_j \frac{\delta Q_j}{T_j} \quad (j\text{ は C と重なるメッシュのうち C と交わる辺})$$

となり，C の内部にあるメッシュの寄与はなくなる．ここでメッシュのサイズを限りなく小さくすると，上式の右辺は $\delta Q/T$ を閉曲線 C に沿って積分することに相当するので，これを

$$\sum_i \frac{\delta Q_i}{T_i} \;\to\; \oint_c \frac{\delta Q}{T} \tag{5.8}$$

と表す．記号 $\oint_c$ は閉曲線 C に沿ってぐるりと 1 周だけ線積分することを意味する．

　こうして，(5.7) と (5.8) より

$$\oint_c \frac{\delta Q}{T} = 0 \tag{5.9}$$

が成り立つことが示された．これを**クラウジウスの関係式**という．

例題 1

　図 5.4 のように，可逆機関 C が 1 サイクルの間に温度 T_0 の熱源から Q_0，低温熱源から Q_2 の熱量を吸収し，高温熱源に $Q_0 + Q_2$ の熱量を放出

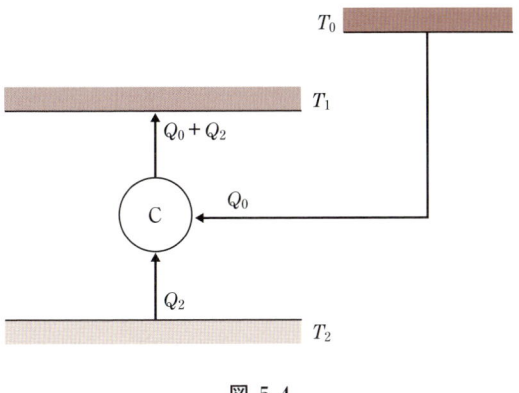

図 5.4

して運転されている．クラウジウスの関係式を使って，この場合の熱量 Q_2 を求めよ．

解 この場合，C は可逆機関なので (5.7) が成り立つ．ただし，この場合の $\delta Q_i/T_i$ は，C への熱量の出入りについての符号を考慮して Q_0/T_0, Q_2/T_2 と $-(Q_0+Q_2)/T_1$ である．したがって，

$$\frac{Q_0}{T_0} + \frac{Q_2}{T_2} - \frac{Q_0+Q_2}{T_1} = 0$$

が成り立つ．これを Q_2 について解いて

$$Q_2 = \frac{T_2}{T_0}\frac{T_0-T_1}{T_1-T_2}Q_0$$

が得られる．この場合，$T_1 > T_2$ なので，$T_0 > T_1$ ならば $Q_2 > 0$ である．このとき，この熱機関 C は低温熱源から熱を吸い上げる熱（ヒート）ポンプのはたらきをする．これはガス冷蔵庫の原理である．

5.3 新しい状態量としてのエントロピー

いま，図 5.5 のように，ある物質についての p-V 図上に点 A, B をとる．A と B はこの物質の二つの異なる熱力学的状態を表す．そこで 2 点 A, B を

通る任意の閉曲線 C を描き，これを準静的可逆サイクルとする．さらに閉曲線 C を図のように二つに分けて，A→B の部分をコース I，残りの部分をコース II としよう．

この閉曲線 C について，クラウジウスの関係式 (5.9) を適用すると

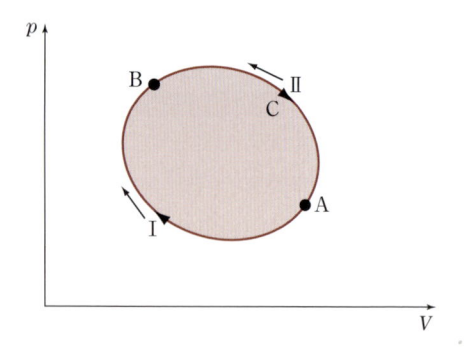

図 5.5 状態 A と B を通る準静的サイクル C

$$\oint_C \frac{\delta Q}{T} = \int_{I,A}^{B} \frac{\delta Q}{T} + \int_{II,B}^{A} \frac{\delta Q}{T} = 0 \tag{5.10}$$

が成り立つ．ここで，例えば二つの部分に分けた積分の第一の部分は $\delta Q/T$ を I のコースに沿って A から B まで積分することを意味する．

閉曲線 C は準静的サイクルを表すので，これは逆方向の運転が可能である．そこでコース II に沿った B→A の部分だけを逆運転すると，線積分の性質から

$$\int_{II,B}^{A} \frac{\delta Q}{T} = -\int_{II,A}^{B} \frac{\delta Q}{T}$$

である．これを (5.10) に代入すると，

$$\int_{I,A}^{B} \frac{\delta Q}{T} = \int_{II,A}^{B} \frac{\delta Q}{T} \tag{5.11}$$

が成り立つ．これは状態 A から B までの線積分の値がコース I でも II でも変わらないことを示す．閉曲線 C は二つの状態 A, B を通ること以外は全く任意だったので，(5.11) は $\delta Q/T$ の積分値は始状態 A と終状態 B だけにより，途中の積分路には無関係であることを意味する．

この条件を満たすには，微小量 $\delta Q/T$ を

5.3 新しい状態量としてのエントロピー

$$\frac{\delta Q}{T} = dS \tag{5.12}$$

とおいて，新しい熱力学的状態量としてエントロピー S を導入すればよい．実際，このとき

$$\int_A^B \frac{\delta Q}{T} = \int_A^B dS = S(B) - S(A) \tag{5.13}$$

となり，この線積分は確かに途中の積分路によらず，始状態と終状態だけによることがわかる．しかも，任意の準静的サイクル C に適用すると，(5.9) と (5.12) より

$$\oint_C dS = 0 \tag{5.14}$$

となる．したがって，この S は，図 5.5 で状態 A から出発して 1 周の後に元に戻れば，その値も元の値に戻るような保存量である．

こうして，(5.12) で定義されるエントロピー S は任意の物質に適用できる熱力学的状態量と見なされることがわかった．今後の議論のために，(5.12) を

$$\delta Q = T\, dS \tag{5.15}$$

と表現しておく．これまでに何度も強調したように，熱量 Q は状態量ではない．したがって，(5.15)は状態量ではない微小な熱量 δQ を状態量である温度 T とエントロピー S で表したことに相当する．これはちょうど (3.2) 式で状態量ではない微小な仕事 δW を状態量である圧力 p と体積 V で表現したことに対応する．

> ここは
> ポイント！

こうしてようやく，系の熱力学的な性質をすべてその系の状態量だけで議論する準備が整った．例えば，(3.32) と (3.34) で定義した定積熱容量 C_V，定圧熱容量 C_p は (5.15) よりエントロピー S を使って

$$C_V = T\left(\frac{\partial S}{\partial T}\right)_V, \qquad C_p = T\left(\frac{\partial S}{\partial T}\right)_p \tag{5.16}$$

と表される.

例題 2

圧力が一定であるとして，ある物質の温度を T_A から T_B に変えたときのエントロピーの変化 ΔS を求めよ．ただし，この物質の定圧熱容量 C_p は一定であるとする．

[解] 熱容量の定義 (3.34) より $\delta Q = C_p dT$ $(dT \to 0)$ である．これを (5.15) に代入して $dS = C_p dT/T$. C_p が一定であることに注意して，これを積分すると，

$$\Delta S = C_p \int_{T_A}^{T_B} \frac{1}{T} dT = C_p \ln \frac{T_B}{T_A}$$

となる．

例題 3

図のように，理想気体の圧力 p，体積 V をそれぞれ一定に固定して，温度を T_0 から T_1 に上げる．このとき，圧力一定の場合のエントロピーの増加 $(\Delta S)_p$ は，体積一定の場合の増加 $(\Delta S)_V$ の γ $(= C_p/C_V)$ 倍であることを示せ．

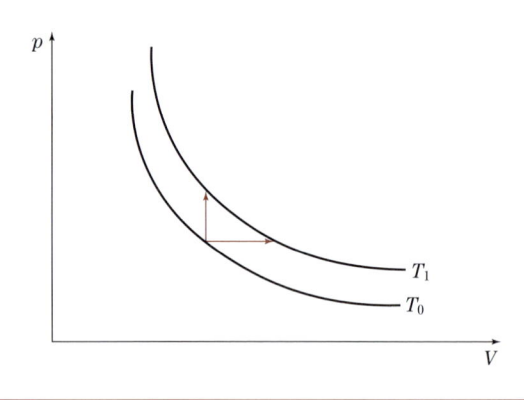

[解] 例題2と同様に，定圧でのエントロピーの微小変化は $dS = C_p dT/T$. 理想気体では定圧熱容量 C_p が一定なので，これを積分して，

$$(\Delta S)_p = C_p \int_{T_0}^{T_1} \frac{1}{T} dT = C_p \ln \frac{T_1}{T_0}$$

となる．

同様にして，定積でのエントロピーの増加は $(\Delta S)_V = C_V \ln \dfrac{T_1}{T_0}$ である．したがって，両者の比は

$$\frac{(\Delta S)_p}{(\Delta S)_V} = \frac{C_p}{C_V} = \gamma$$

となる．

問題 2 10℃，100 g の水を 1 気圧の下で加熱して 50℃ にしたときのエントロピーの増加 ΔS を求めよ．ただし，水の定圧比熱を $1\,\mathrm{cal}/(\mathrm{g}\cdot\mathrm{K})$ とする．

5.4 エントロピーの物理的意味

まず，断熱過程を考えてみよう．これは系への熱の出入りを断つ過程であるから，$\delta Q = 0$ である．したがって，(5.15) より

$$dS = 0 \quad (\text{断熱過程}) \tag{5.17}$$

であって，断熱過程とはエントロピーが変化しない（保存される）過程であることがわかる．

次に，等温過程（T：一定）で系に熱量 Q を与えたところ，系の状態が A から B に変化したとしよう（図 5.6）．このとき，(5.15) の両辺を積分して

$$\begin{aligned}Q &= \int_A^B T\,dS \\ &= T\int_A^B dS \\ &= T(S_B - S_A)\end{aligned}$$

(5.18)

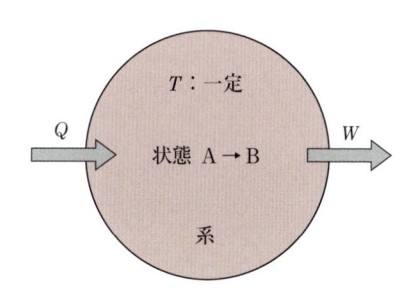

図 5.6 等温過程の状態変化

となる．ここで S_A, S_B は状態 A, B でのエントロピーの値である．すなわち，等温過程の場合には系の内部エネルギーの増減とは別に，系のエントロピーが増減するのである．実際，系が理想気体のときには，これは前章のカル

ノー・サイクルの第1段階であって，取り込んだ熱はすべて外部にする仕事になり，内部エネルギーの変化はない．それでも当然ながら系の状態は変化しているのであって，エントロピーがその変化を表現するのである．

例題 4

図4.1に示したカルノー・サイクルを横軸にエントロピー S を，縦軸に温度 T をとって表すとどうなるか．また，得られる図形の面積はどのような意味をもつか．

解 等温過程では温度 T が一定，断熱過程ではエントロピー S が一定なので，図4.1のカルノー・サイクルは T-S 図では図5.7のように単純な長方形になる．ここで状態を表す点 A～D はそれぞれ図4.1の点 A～D に対応する．また，状態 B と C のエントロピーを S_1，状態 A と D のエントロピーを S_2 とおいた．

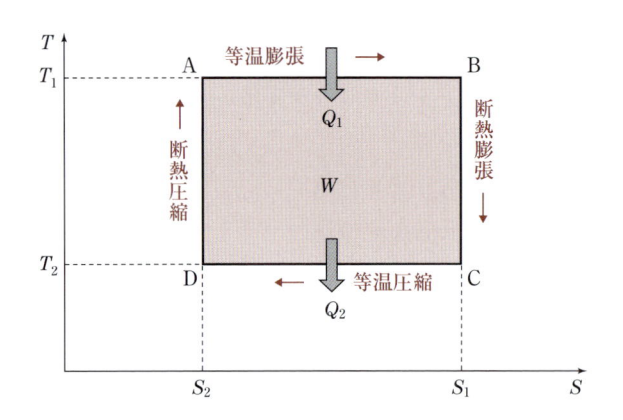

図 5.7 T-S 図でのカルノー・サイクル

(5.18) より高温熱源から取り入れる熱量 Q_1 は $Q_1 = T_1(S_1 - S_2)$ であり，右辺は図5.7で線分 AB と S 軸との間の S_2 から S_1 までの面積である．同様に，低温熱源に出す熱量 Q_2 は $Q_2 = T_2(S_1 - S_2)$ であって，右辺は線分 DC と S 軸との間の S_2 から S_1 までの面積である．したがって，長方形 ABCD の面積は $(T_1 - T_2)(S_1 - S_2) = Q_1 - Q_2$ となり，これは (4.11) よりカルノー機関が1サイクルの間に外にする仕事 W に等しい．

5.4 エントロピーの物理的意味

　等温過程での熱の取り入れによる状態変化の日常的な例として，0℃，1気圧の下で氷が融ける現象が挙げられる．このとき，加えた熱量 Q は 0℃ の氷が同じ 0℃ の水に変化するのに使われる（潜熱）．すなわち，(5.18) で A が氷の状態を，B が水の状態を表し，同じ重さの氷と水でも，水のエントロピー S_B が氷のエントロピー S_A より大きいことがわかる．

問題 3 0℃，10 g の氷がすっかり融けて 0℃ の水になるときのエントロピーの増加 ΔS を求めよ．ただし，氷の融解熱を 80 cal/g とする．

問題 4 100℃，100 g の水がすっかり蒸発して 100℃ の水蒸気になるときのエントロピーの増加 ΔS を求めよ．ただし，水の気化熱を 539 cal/g とする．

　ところで，水と氷の状態としての違いは，氷は水分子が整列していて結晶状態にあるのに対して，水は水分子が乱雑に動き回る液体状態である．こうして，エントロピーの違いとは物質を構成する多数の原子・分子の乱雑さの度合いを表し，これら原子・分子の状態が乱雑であるほどエントロピーが大きいことが考えられる．

（ここはポイント！）

　実際，多数の原子・分子の振舞いを力学と確率・統計論によって議論する統計物理学によると，系の温度というのは，それを構成する多数の原子・分子の運動の激しさの平均値である．ここでいう"多数"とはアボガドロ数 N_A ($\cong 6.02 \times 10^{23}$) 程度のことであり，原子・分子が 1 個や 2 個では温度は定義できない．これが少数の質点しか扱わない力学で温度が現れない理由である．したがって，(5.15) で温度 T と結び付いているエントロピー S も多数の原子・分子から成る系に対してだけ意味をもつことがわかる．

　いま，図 5.8 のように，多数の分子が整列している場合 (a) とバラバラの場合 (b) を比べてみよう．具体的には上で議論した氷と水を考えればよい．このとき，状態 (a) と (b) とで，たとえ内部エネルギーが等しいとしても，両者の状態の差は歴然としている．直観的にはエントロピーとはこの違いを表す量であると考えてよい．

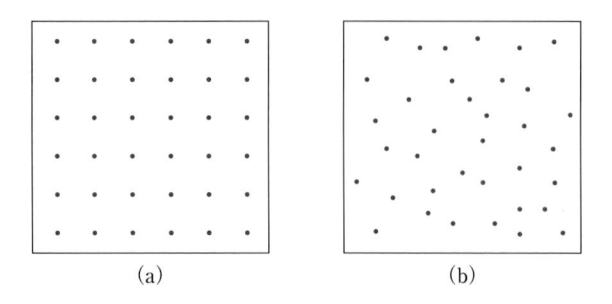

図 5.8 分子の規則的な配列 (a) と乱雑な配列 (b)

さらに単純な例として図 5.9 の場合を考えてみよう．この場合，(a) では分子が容器の左半分を占めており，(b) では容器全体に広がっていて，これは気体の膨張に相当する．部屋の隅にまとめておいてあったたくさんの本が部屋中に散らかったのと同じで，(b) の方が乱雑さが大きい．すなわち，この場合も (b) の方がエントロピーが大きいことになる（理想気体の膨張に関する 7.1 節の例題 1 と問題 2 を参照）．

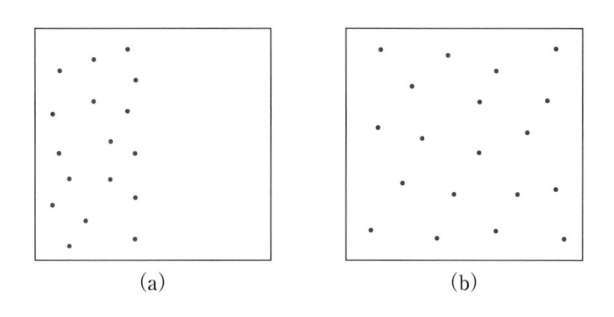

図 5.9 容器内での気体の膨張

また，図 5.10 では 2 種類の分子が左右に分離している状態 (a) と混ざっている状態 (b) が示されている．この場合も，分子の位置は両方とも同じように乱雑であっても，(b) の方が (a) より乱雑さが大きいわけで，両者でエントロピーが違うと考えればよい．このような場合を特に**混合エントロピー**

5.4 エントロピーの物理的意味

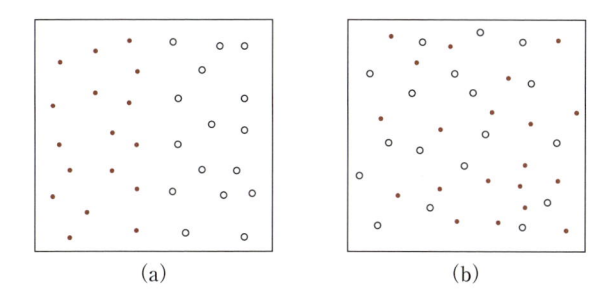

図 5.10 2種類の分子の (a) 分離と (b) 混合

ということがある.

　ゴムが日常的に使われている理由は，その伸び縮みが金属など他のものと比べて極端に容易だからである．ゴムはミクロには単純な分子が非常に長く連なった線状の高分子（鎖状高分子という）からできており，普通に使っている温度では図 5.11(a) に模式的に示したように，この鎖状高分子が複雑に絡まっている．鎖状高分子が絡まる理由は，それを作り上げている連なった分子一つ一つの間の距離は熱運動でそれほど変わらないけれども，ひものような高分子自体が熱運動でグネグネと変形し，のたうち回ることの方がはるかに容易だからである．

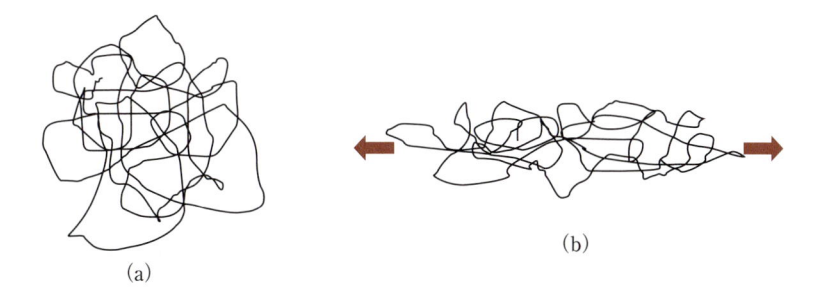

図 5.11 ゴムの (a) 自然な状態と (b) 伸ばした状態

このようなゴムの両端を手で引っ張って伸ばすと，図 5.11 (b) に模式的に示したように，絡まっていた鎖状高分子が一方向に伸びて絡まりが幾分ほどけることになる．これまでのエントロピーの議論からわかるように，伸びた状態の方が伸びないで自然なままで絡まっている状態より整っており，エントロピーが低い．これは直観的にもわかるであろう．手を放すと，熱運動によってもとの複雑に絡まった，エントロピーの高い状態に戻ろうとする．このようにして生じる弾性を**ゴム弾性**という．

以上の議論からわかるように，ゴム弾性は鎖状高分子の複雑な絡み合いというエントロピーの効果によって起きるのであり，**エントロピー弾性**ともよばれる．ゴム弾性の熱力学的にさらに面白い点は，温度が上がると鎖状高分子の絡まりが一層増して複雑になり，そのために伸びが小さくなって固くなることである．金属など普通の固体では温度を上げると，それを構成する原子や分子の間の距離が増すために，伸びていくらか柔らかくなるのとは大違いである．これらの現象の定量的な熱力学的議論は，熱力学をもう少し整理した後に 7.2 節で行なうことにしよう．

上に述べた統計物理学によると，系の乱雑さの度合いはその系が取り得る状態の数 W として定義することができ，エントロピー S は

$$S = k_\mathrm{B} \log W \quad (k_\mathrm{B} : \text{ボルツマン定数}) \tag{5.19}$$

と表されることがわかっている．これを**ボルツマン（Boltzmann）の関係式**という．規則的な並び方に比べたら，乱雑な並び方の方がはるかに多いことは直観的に理解できるであろう．(5.19) によれば，後者の方がエントロピーが高いということになる．

初めに系が図 5.8 (a) のように，整った状態にあるとしよう．しかし，その温度が適当に高いと，系を構成する原子・分子の熱運動のために，次第に (b) のような乱雑な状態になるに違いない．これはちょうど，氷のかたまりを 20℃ の部屋のテーブルの上に置くと，まもなく融けて水になることに相当する．逆にこの水が同じ 20℃ の部屋の中で自然に氷に戻るなどということ

は決して起こらない．これが熱現象の不可逆性の現れであり，自然な状態ではエントロピーは常に増大することを意味する．もし図 5.8 で状態 (b) から (a) に自然に変化すると仮定すると，この場合には系のエントロピーが減少するので，(5.18) より $Q < 0$ となる．すなわち，この系が熱を出すわけで，その熱を使えば熱機関が運転できる．この系として海洋を使うことにすれば，これは第 2 種永久機関である．トムソンの原理はこれが不可能であることを主張している．エントロピーの増大については第 8 章で詳しく議論する．

以上のように，統計物理学によって初めて，エントロピーは多数の原子・分子から成る系の純粋に統計的な性質から生じる量であることがわかる．そのためにエントロピーは直観的にわかりやすい力学的なイメージを描くことができず，それがエントロピーの理解を難しくしている．しかし，温度変化がなくても氷が融けて水になることや，図 5.8 ～ 5.11 の説明から，直観的なエントロピーのイメージが描けるであろう．

5.5　まとめとポイントチェック

これまでの議論がかなりごちゃごちゃしたので，ここでもう一度まとめておこう．まず，熱は自然に高温物体から低温物体に移動し，逆は起こらないとするクラウジウスの原理（熱力学第 2 法則）を出発点とする．これは熱機関において低温熱源への熱の排出 Q_2 をゼロにはできないというトムソンの原理と等価であることがカルノー機関を使って示される（付録 A 参照）．

次に，クラウジウスの原理をカルノー・サイクルに適用することで，カルノー機関の効率が作業物質によらず，熱源の温度だけで決まるというカルノーの第 1 定理が証明される．これは物質の種類によらない熱力学的絶対温度 T の存在を意味する．作業物質によらないなら，そのことを逆手にとって，T としてよく知られた理想気体温度を使ってもよいことになる．このよ

5. エントロピーの導入

```
┌─────────────────────────────────────┐
│          熱力学第2法則                │
│  クラウジウスの原理 = トムソンの原理   │
└─────────────────────────────────────┘
              ↓ カルノー・サイクルに適用
      ╭─────────────────╮
      │ カルノーの第1定理 │
      ╰─────────────────╯
              ↓
    ╭──────────────────────────╮
    │ 熱力学的絶対温度 $T$ の存在 │
    ╰──────────────────────────╯
              ↓
  ╭──────────────────────────────╮
  │ カルノー・サイクルで $Q/T$ が保存 │
  ╰──────────────────────────────╯
              ↓ 一般の準静的可逆サイクルに拡張
                （クラウジウスの関係式）
  ┌──────────────────────────────┐
  │ 状態量としてのエントロピー $S$ の存在 │
  │     （熱機関からの解放）         │
  │   $\delta Q = T\,dS$（一般法則）  │
  └──────────────────────────────┘
```

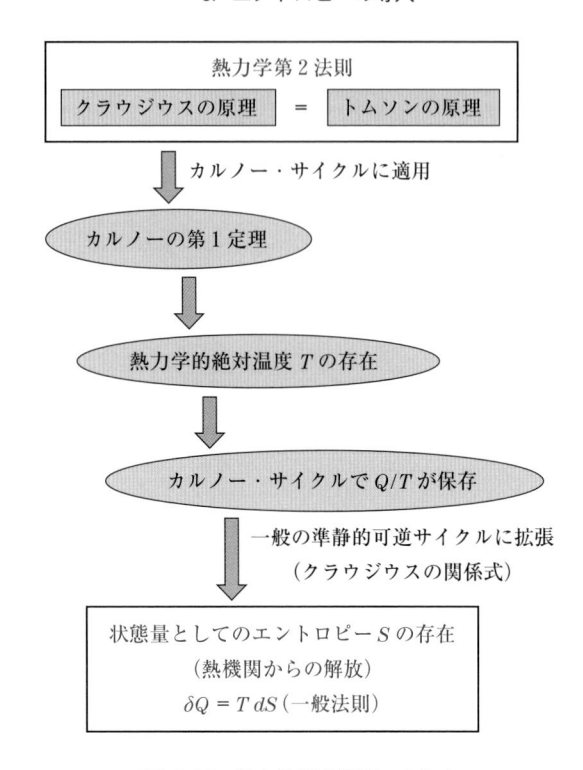

図 5.12 熱力学第2法則のまとめ

うにして決めた熱力学的絶対温度 T を使うと，カルノー・サイクルで保存するのは熱量 Q ではなくて Q/T であることがわかる．

そこで，このことを一般の準静的可逆サイクルに拡張することでクラウジウスの関係式が導かれ，系の状態量としてのエントロピー S の存在が示される．このエントロピー S を使うと，一般法則として (5.15) の $\delta Q = T\,dS$ が導かれる．これはカルノー機関だけについての議論から科学としての熱力学への一般化であり，式 $\delta Q = T\,dS$ は熱の本性に関する熱力学第2法則を定式化したものと見なすことができる．

以上のことは図 5.12 のようなダイヤグラムで表されるであろう．

ポイントチェック

- [ ] カルノーの熱機関でエントロピーが保存することがわかった.
- [ ] クラウジウスの関係式が何を意味しているかがわかった.
- [ ] エントロピーが系の状態量であることがわかった.
- [ ] 状態量でない微小な熱量 δQ が状態量である温度 T とエントロピー S で表されることがわかった.
- [ ] エントロピーの物理的意味がわかった.
- [ ] エントロピーの直観的な説明ができるようになった.

1 温度と熱 → 2 熱と仕事 → 3 熱力学第1法則 → 4 熱力学第2法則 → 5 エントロピーの導入 → 6 利用可能なエネルギー → 7 熱力学の展開 → 8 非平衡現象 → 9 熱力学から統計物理学へ

6 利用可能なエネルギー

学習目標
- 熱力学第1法則を状態量だけの式で表現する.
- いろいろな熱力学過程で外への仕事になるエネルギー源を調べる.
- それらのエネルギー源を新しい熱力学関数として定義する.
- それらの熱力学関数の意味を理解する.

2.1節でみたように，仕事を熱に変換することは簡単である．寒い日に屋外で両手をこすって手を温めるなどの例はその典型であろう．ところが，第4章でカルノーの熱機関について詳しく議論したように，逆に熱を仕事に変えるのは容易ではない．これは熱の自然な流れが高温から低温にしか起こらないためであり，それを表現したのが熱力学第2法則である．すなわち，熱を仕事に変えるには常に制限がつきまとう．ただし，この制限の起源は熱の本性によるとしても，制限のされ方はこれまでに議論したいろいろな熱力学過程によって異なる．このことから逆に，系の外に取り出すことができる有用な仕事として，いろいろな熱力学的エネルギー関数を定義することができる．本章ではこの立場から，いくつかの新しい熱力学的エネルギー関数を導入する．

6.1 熱力学第1法則

エネルギー保存則は物理学の大原則であり，どのような熱力学的な過程に対してもエネルギー保存則が成り立つ．したがって，図6.1のように，外から系に微小な熱量 δQ が入り，系が外から微小な仕事 δW をされるときに，系の内部エネルギー E が微小な量 dE だけ増加した（$E \to E + dE$）とすると，これらの量の間には

6.1 熱力学第 1 法則

$$dE = \delta Q + \delta W \qquad (6.1)$$

という関係が成り立つ．これは第 3 章で議論した熱力学第 1 法則に他ならない．

内部エネルギー E は状態量であり状態変数の関数と見なされるので，その微小量 dE は状態関数 E の微分という意味をもつ．他方，熱量 Q と仕事 W は状態量ではないので，その微小量はそれぞれ δQ，δW と記して区別することは，これまでに何度

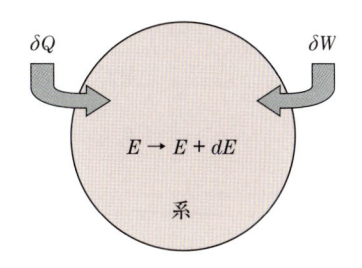

図 6.1 系の内部エネルギーの変化

も強調したとおりである．ところで，この δQ と δW はそれぞれ (5.15) および (3.2) によって

$$\delta Q = T\,dS \qquad (6.2)$$
$$\delta W = -p\,dV \qquad (6.3)$$

と表されることもみてきた．これらの式の重要な点は，熱量や仕事という，外から系になされる操作に関係しているエネルギー量が，系そのものの状態量である温度 T，エントロピー S，圧力 p，体積 V で表されていることである．したがって，これらの微小量はどれもそれぞれの量の微分という意味をもつ．

(6.2) と (6.3) を (6.1) に代入すると，系の内部エネルギー E の変化 dE は

$$dE = T\,dS - p\,dV \qquad (6.4)$$

と表される．これは (6.1) と違って，熱力学第 1 法則が注目する系自体の状態量だけで表現されたことを意味し，熱力学第 1 法則が初めてあいまいさなく定式化されたことになる．この (6.4) は平衡系の熱力学において最も重要な式であり，今後の議論の出発点である．

6.2 断熱過程（エントロピー S：一定）

断熱過程の場合には $\delta Q = T\,dS = 0$ より $dS = 0$，すなわち，系のエントロピー S は一定である．このとき，系が外にする仕事 $\delta W' = -\delta W = p\,dV$ は (6.4) より，

$$\delta W' = p\,dV = -dE \tag{6.5}$$

となる．これは外からの熱エネルギー δQ の供給がないので，系が外に仕事をするにはその内部エネルギーを使うしかないことを意味する（図 6.2）．すなわち，断熱過程では系が外に仕事をする際のエネルギー源は系の内部エネルギー E であり，それがもろに変化（$E \to E + dE$）する．これが内部エネルギーの熱力学的な意味でもある．

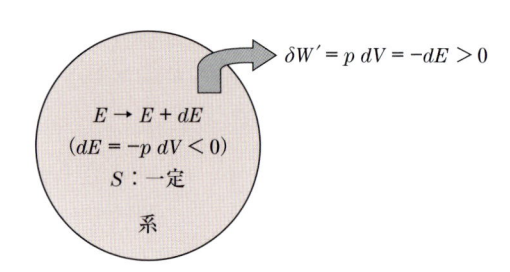

図 6.2　断熱過程

6.3 等温過程（温度 T：一定）

等温過程の場合には，系が外にする仕事 $\delta W' = -\delta W = p\,dV$ は (6.4) より

$$\delta W' = p\,dV = -dE + T\,dS = -d(E - TS) \tag{6.6}$$

と表される．ここで三つ目の等号は T が一定なので，それを微分記号 d の中に入れられることを使った．(6.6) は，等温過程によって外への仕事として自由に使える系のエネルギー源は，内部エネルギー E そのものではなく，それから無秩序な熱エネルギー TS を差し引いた $E - TS$ であることを表している．

6.4 等圧過程（圧力 p：一定）

熱力学において等温過程は非常に重要なので，ここに現れた $E-TS$ という量を新しい熱力学的関数として定義しておくと便利であろう．そこで内部エネルギー E の他に

$$F \equiv E - TS \tag{6.7}$$

で定義される状態量 F を導入する．ここで記号 $\equiv$ は左辺の量を右辺の量で定義することを意味する．これは**ヘルムホルツ（Helmholtz）の自由エネルギー**とよばれる重要な量である．

以上によって，等温過程で系が外にする仕事 $\delta W'$ は，(6.7) を (6.6) に代入して，

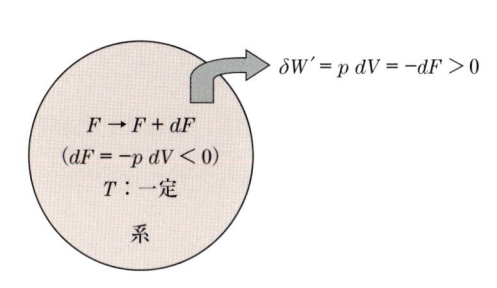

$$\delta W' = p\, dV = -dF \tag{6.8}$$

となる．すなわち，この場合には系はヘルムホルツの自由エネルギー F の変化（$F \to F + dF$）によって，外に仕事をする（図 6.3）．

図 6.3 等温過程

6.4　等圧過程（圧力 p：一定）

ここではこれまでと違って，等圧過程の場合に系がする仕事ではなく，系に入った熱量 δQ を取り上げてみる．

$\delta Q = T\, dS$ は (6.4) より

$$\delta Q = T\, dS = dE + p\, dV = d(E + pV) \tag{6.9}$$

と表される．ここでも3番目の等号では，p が一定値なので微分記号 d の中に入れた．これは，等圧過程では系に入った熱量は内部エネルギー E やヘルムホルツの自由エネルギー F ではなくて，量 $E + pV$ の増加となることを意味する（図6.4）．そこで，これもやはり新しい熱力学関数の一つとして

$$H \equiv E + pV \tag{6.10}$$

と定義しておくと便利であろう．
この H はエンタルピーとよばれ，すでに (3.16) で導入した量である．すなわち，等圧過程による系への熱の流入 δQ は，そのまま系のエンタルピーの増加（$H \to H + dH$；$dH = \delta Q$）となる．

$\delta Q = T\,dS = dH > 0$

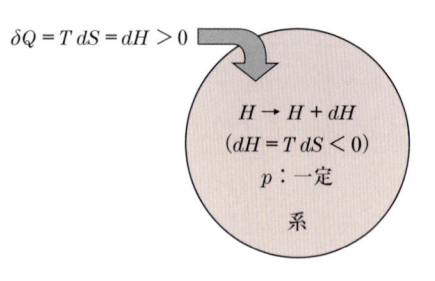

$H \to H + dH$
$(dH = T\,dS < 0)$
p：一定
系

図 6.4 等圧過程

　圧力を一定に保つことは実験的には比較的容易であり，特に化学反応は吸熱・発熱など熱の出入りが普通なので，エンタルピーは化学の分野でよく使われる．

6.5　等温等圧過程（T, p：一定）

　これまでは簡単のために系内の粒子数 N は一定としてきた．その場合は独立な状態変数の数が二つなので，等温，等圧とすると系の状態が一つに決まってしまって変わりようがなくなる．そこで，ここでは系への粒子の出入りを許すことにして，N も状態変数としよう．ただし，系を構成する粒子（原子・分子）の種類はこれまで通り，1 種類とする．

　一般に，系にさらに粒子を付け加えるためには，それなりの仕事をしなければならない．このとき，系に粒子 1 個を加えるのに必要なエネルギーを**化学ポテンシャル**といい，通常 μ で表す．したがって，系への粒子の出入りがあって，系の粒子数が dN だけ増すと，エネルギー保存則によって系の内部エネルギーは $\mu\,dN$ だけ増加する．こうして，粒子の出入りがあって粒子数 N も状態変数であるような系では，(6.4) は

$$dE = T\,dS - p\,dV + \mu\,dN \tag{6.11}$$

と拡張される．

　粒子数 dN だけ系に無理やり追加するのに外から $\mu\,dN$ だけの仕事をしな

6.5 等温等圧過程（T, p：一定）

ければならないので，逆に系が粒子を dN だけ放出すれば，系は外に $\delta W' = -\mu\, dN$ だけの仕事をすることになる．これを等温等圧過程で行なうと，このときに系が外にする仕事は (6.11) より

$$\delta W' = -\mu\, dN = -dE + T\, dS - p\, dV = -d(E - TS + pV) \tag{6.12}$$

ここはポイント！

となる．これは，粒子数の変化によって系が外への仕事に使えるエネルギーは内部エネルギー E から熱エネルギー TS と力学的エネルギー $-pV$ を除いた残りの $E - TS + pV$ であることを意味する．そこで，やはりこの量も新しい熱力学関数として

$$G \equiv E - TS + pV = F + pV \tag{6.13}$$

を定義しておくと便利であろう．これは **ギブス（Gibbs）の自由エネルギー** とよばれている．

以上より，等温等圧過程では，系が外にする仕事 $\delta W'$ は (6.13) を (6.12) に代入して

$$\delta W' = -\mu\, dN = -dG \tag{6.14}$$

と表される．すなわち，この場合には系はギブスの自由エネルギー G を使い，その変化（$G \to G + dG$）によって外に仕事をするのである（図 6.5）．

今後は断らない限り，再び系の粒子数 N を一定と見なし，状態変数の中には入れないことにする．ただし，熱力学の議論にはギブスの自由エネルギー G は非常に有用であり，だからこそ，ここでわざわざ導入したのである．そんなわけで G は今後も使っていく．

$\delta W' = -\mu\, dN = -dG > 0$

$G \to G + dG$
$(dG = \mu\, dN < 0)$
T, p：一定
系

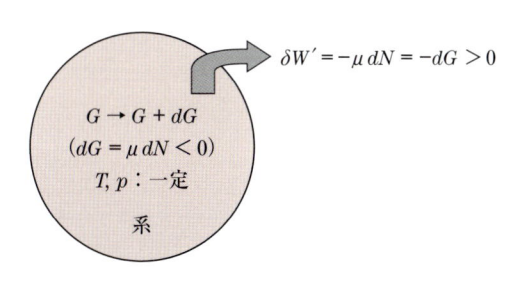

図 6.5 等温等圧過程

6.6 まとめとポイントチェック

　本章では，これまでに議論したいろいろな熱力学過程によって仕事として外に取り出すことができる系のエネルギー源は何かを考察し，それぞれに対して，ヘルムホルツの自由エネルギーなど新しい熱力学的エネルギー関数を定義した．これらの熱力学関数は今後の議論に非常に有用である．

ポイントチェック

- ☐ 熱力学第1法則が系自体の状態量だけで表現されることがわかった．
- ☐ ヘルムホルツの自由エネルギーがなぜ導入されたかが理解できた．
- ☐ エンタルピーの意味がわかった．
- ☐ ギブスの自由エネルギーの定義が理解できた．

１温度と熱 → ２熱と仕事 → ３熱力学第1法則 → ４熱力学第2法則 → ５エントロピーの導入 → ６利用可能なエネルギー → ７熱力学の展開 → ８非平衡現象 → ９熱力学から統計物理学へ

7 熱力学の展開

学習目標
- 熱力学第1法則をいろいろな熱力学的エネルギー関数で表す．
- マクスウェルの関係式を理解する．
- ジュール－トムソン効果とは何かを説明できるようになる．
- 相平衡と相図を理解する．
- ギブスの相律を理解する．
- クラペイロン－クラウジウスの式を導く．

前章で導入したヘルムホルツの自由エネルギーなどのいろいろな熱力学的エネルギー関数を使って，系の熱力学的な性質を考察し，数々の熱力学関係式を導く．熱力学は熱力学第1法則と熱力学第2法則という，二つの全く揺るぎない原理を基礎にしているので，本章で導かれる熱力学関係式は熱平衡系では厳密に成り立つ．その意味で，それらの関係式には全幅の信頼をおくことができる．

7.1 内部エネルギー

熱力学の最も重要な基礎であり，出発点となるのは熱力学第1法則である．これを，内部エネルギー E の微小変化 dE で表すと，(6.4) に示したように，

$$dE = T\,dS - p\,dV \tag{7.1}$$

となる．これは注目する系でのエネルギー保存則を表しており，その意味で物理学の最も基礎的な法則を熱平衡系に対して表現したものである．ここで上式の微小量 dE, dS, dV をそれぞれ熱力学的な状態量である内部エネルギー E, エントロピー S, 体積 V の微分と見なそう．そうすると，(7.1) は E のごく自然な熱力学的独立変数が S と V であることを示している（熱力

学関数の独立な変数の数は二つであることを思い出そう）．すなわち，
$$E = E(S, V) \tag{7.2}$$
とおくのが自然である．このとき，E の微小変化 dE は (3.27) によって形式的に
$$dE = \left(\frac{\partial E}{\partial S}\right)_V dS + \left(\frac{\partial E}{\partial V}\right)_S dV \tag{7.3}$$
と表される．前にも強調したように，これは物理法則には何の関係もない，単なる数学的関係式にすぎない．

(7.1) と (7.3) が一致するためには
$$T = \left(\frac{\partial E}{\partial S}\right)_V \quad (= T(S, V)) \tag{7.4}$$

$$p = -\left(\frac{\partial E}{\partial V}\right)_S \quad (= p(S, V)) \tag{7.5}$$

> ここはポイント！

でなければならない．(7.1) が物理法則なので，これらは数学的関係式 (7.3) を使って得られた物理法則であると見なされる．すなわち，(7.1) によって独立変数 S と V より E が得られ，その E を使って (7.4) と (7.5) によって他の状態量である T と p が得られるという仕組みになっている．その意味で，得られた T と p は S と V の関数 $T(S, V)$, $p(S, V)$ であり，そのことを上式の（ ）の中に示した．

特に，(7.4) を S についての方程式と見なして解くと，$S = S(T, V)$ が得られ，それを (7.5) に代入したと考えてみよう．これは (7.4) と (7.5) から S を消去することに他ならない．得られる結果は
$$p = p(T, V) \tag{7.6}$$
であり，これは注目する系の状態方程式である．特に n [mol] の理想気体では，それは $p = nRT/V$ であり，(7.6) の特別な形である．

ただし，ここで注意すべきことが一つある．熱力学から言えるのは，(7.6) のように系にはその状態を記述する状態方程式があるということまでで，

7.1 内部エネルギー

その具体的な表式は熱力学の範囲内では得られない．理想気体の状態方程式でさえ，実験的に推測するか，統計物理学によって理論的に導くしかなくて，熱力学だけでは得られないのである．

(7.4) の両辺を独立変数 V で微分してみよう．このとき，もう一つの独立変数 S を固定することを忘れてはならない：

$$\left(\frac{\partial T}{\partial V}\right)_S = \left(\frac{\partial}{\partial V}\left(\frac{\partial E}{\partial S}\right)_V\right)_S$$

ここで右辺の ( ) 内の $(\partial E/\partial S)_V$ で V の値が固定されているので V を定数と考え，これを V で微分するとゼロになるのではないかと考えてはいけない．$(\partial E/\partial S)_V$ では確かに V の値を固定したが，その結果の $(\partial E/\partial S)_V$ は S と V の関数なのである．これからもこの種の計算がしばしば出てくるので，誤解しないように注意しておく．

上式の右辺で S と V による微分の順序を換え，その結果に (7.5) を代入すると

$$\left(\frac{\partial}{\partial V}\left(\frac{\partial E}{\partial S}\right)_V\right)_S = \left(\frac{\partial}{\partial S}\left(\frac{\partial E}{\partial V}\right)_S\right)_V = -\left(\frac{\partial p}{\partial S}\right)_V$$

が得られる．こうして，

$$\left(\frac{\partial T}{\partial V}\right)_S = -\left(\frac{\partial p}{\partial S}\right)_V \tag{7.7}$$

が導かれる．これは**マクスウェル（Maxwell）の関係式**とよばれる関係式の一つであり，直観的には右辺のわかりにくいエントロピー S による微分を，左辺のわかりやすい量 V による微分に変えている．このとき，左辺の下付きの S はエントロピー S の値を固定することを表しており，物理的には断熱することなので，全く問題はない．

（ここはポイント！）

(7.1) の形から内部エネルギー E の独立変数を (7.2) のように S と V にしたが，他の 2 変数を独立変数にしてももちろん構わない．例として，2 変数 (S, V) の代りに (T, V) としてみよう．このとき，エントロピー S を $S =$

$S(T,V)$ と見なすことになり，その微小量 dS は（3.27）より

$$dS = \left(\frac{\partial S}{\partial T}\right)_V dT + \left(\frac{\partial S}{\partial V}\right)_T dV \tag{7.8}$$

である．これは単なる数学的関係式であることを再び注意しておく．

これを（7.1）に代入して整理すると

$$dE = T\left(\frac{\partial S}{\partial T}\right)_V dT + \left\{T\left(\frac{\partial S}{\partial V}\right)_T - p\right\}dV \tag{7.9}$$

が得られる．これは系の独立な状態変数を温度 T と体積 V として，内部エネルギー E の微小変化 dE をそれらの微小量で無理やり表した式であり，（7.1）と比べるとはるかに複雑である．このことより，内部エネルギー E の場合に（7.1）から自然な独立変数が S と V であると見なした理由がわかるであろう．

$E(T,V)$ に対して（3.27）から得られる単なる数学的関係式

$$dE = \left(\frac{\partial E}{\partial T}\right)_V dT + \left(\frac{\partial E}{\partial V}\right)_T dV \tag{7.10}$$

と（7.9）を比較することによって，直ちに次のような熱力学関係式

$$\left(\frac{\partial E}{\partial T}\right)_V = T\left(\frac{\partial S}{\partial T}\right)_V \tag{7.11}$$

$$\left(\frac{\partial E}{\partial V}\right)_T = T\left(\frac{\partial S}{\partial V}\right)_T - p \tag{7.12}$$

が導かれる．ここで（7.11）の左辺は（3.33）より定積比熱 C_V であり，右辺はそれをエントロピー S で表現したことになる．これは（3.33）と（5.16）の第 1 式より，当然の等式である．

問題 1 $E = E(S,p)$ とおいて dE の表現を求めよ．また，それから導かれる熱力学関係式を導け．

7.2 ヘルムホルツの自由エネルギー

例題 1

理想気体のエントロピー S を求めよ.

解 理想気体についてのジュールの法則 (3.41) によると

$$\left(\frac{\partial E}{\partial V}\right)_T = 0$$

これと定積比熱 C_V の定義 (3.33) を (7.10) に代入して

$$dE = C_V dT$$

理想気体では C_V が定数であることは (3.43) のところで触れた. 上式を (7.1) に代入すると

$$T dS = C_V dT + p\, dV = C_V dT + \frac{nRT}{V} dV$$

が得られる. 第 2 の等式で理想気体の状態方程式 $pV = nRT$ を使った.

これより

$$dS = C_V \frac{dT}{T} + nR \frac{dV}{V}$$

両辺を積分することによって, 理想気体のエントロピー S は

$$S(T, V) = C_V \ln T + nR \ln \frac{V}{n} + S_0 \tag{7.13}$$

と求められる. ここで S_0 は積分定数であり, 状態量としてのエントロピーの付加定数と見なしてよい. ただし, 右辺第 2 項の V/n はエントロピーが示量性状態量であることを考慮して付け加えた. 同じ理由で, S_0 は n に比例する量である.

問題 2 理想気体の体積が温度一定で 2 倍に膨張したとする. このときのエントロピーの変化 ΔS を求めよ (図 5.9 を参照).

7.2 ヘルムホルツの自由エネルギー

前章で, 等温過程というしばりをつけたときに系が外にする仕事は内部エネルギー E そのものではなくて, それから熱エネルギー TS を差し引いたヘルムホルツの自由エネルギー

$$F = E - TS \tag{7.14}$$

を使ってなされることを見た．ここではヘルムホルツの自由エネルギー F の自然な独立変数は何かという視点で，それを見直してみよう．

前節で見たように，E の自然な独立変数は (7.1) よりエントロピー S と体積 V である．S は乱雑さの度合いを表すとはいえ，実感がわきにくい量であり，独立変数として扱うにはわかりにくい場合も多い．そこで，F の自然な独立変数は何かを見るために (7.14) の両辺を微分してみよう：

$$dF = dE - d(TS) = dE - T\,dS - S\,dT$$

これに (7.1) を代入すると

$$dF = -S\,dT - p\,dV \tag{7.15}$$

が得られる．こうして，ヘルムホルツの自由エネルギー F の自然な独立変数は温度 T と体積 V であり，これはともにわかりやすい状態量である．

(7.15) はエネルギー保存則である (7.1) を F で表しただけのことなので，これ自体は物理法則を表す．すなわち，(7.15) はヘルムホルツの自由エネルギー F で表現した熱力学第 1 法則なのである．そこで F を T, V の関数と見なして

$$F = F(T, V) \tag{7.16}$$

とおくと，その微小量 dF は (3.27) から数学的関係式として

$$dF = \left(\frac{\partial F}{\partial T}\right)_V dT + \left(\frac{\partial F}{\partial V}\right)_T dV \tag{7.17}$$

と表される．これと (7.15) より F を使って，熱力学関係式

$$S = -\left(\frac{\partial F}{\partial T}\right)_V \quad (= S(T, V)) \tag{7.18}$$

$$p = -\left(\frac{\partial F}{\partial V}\right)_T \quad (= p(T, V)) \tag{7.19}$$

が導かれる．

(7.19) は前節で議論した系の状態方程式に他ならず，それが F から直接

7.2 ヘルムホルツの自由エネルギー

導かれることを表している．さらに F が有用なのは，直観的にわかりにくいエントロピー S が F から求められるということである．実際，ミクロの世界と現実のマクロの世界の熱力学を理論的に結び付ける統計物理学では，通常 F を理論的に計算し，それを基礎にして (7.18)，(7.19) などを使って熱力学的な状態や状態方程式を求める．

例題 2

理想気体のヘルムホルツの自由エネルギー F を求めよ．

解 ヘルムホルツの自由エネルギーの定義式 $F = E - TS$ に理想気体の内部エネルギー (3.44) とエントロピー (7.13) を代入して

$$F = C_V T + E_0 - T\left(C_V \ln T + nR \ln \frac{V}{n} + S_0\right)$$

となる．ここで E_0 と S_0 はモル数 n に比例する定数である．

(7.18) の両辺を V で微分し，その結果の右辺の二重微分の順序を換え，それに (7.19) を代入すると，ちょうど (7.7) に対応する関係式

$$\left(\frac{\partial S}{\partial V}\right)_T = \left(\frac{\partial p}{\partial T}\right)_V \tag{7.20}$$

が得られる．これもマクスウェルの関係式の一つであり，やっかいな S の入っている左辺の量をそれが含まれない量におき換えていると見なされよう．

問題 3 (7.20) を導け．

例題 3

内部エネルギー E とヘルムホルツの自由エネルギー F との次の関係を証明せよ．

$$E = -T^2 \left(\frac{\partial}{\partial T}\left(\frac{F}{T}\right)\right)_V \tag{7.21}$$

解 右辺の微分を直接計算すると

$$-T^2\left(\frac{\partial}{\partial T}\left(\frac{F}{T}\right)\right)_V = -T^2\frac{T\left(\frac{\partial F}{\partial T}\right)_V - F}{T^2} = -T\left(\frac{\partial F}{\partial T}\right)_V + F$$

これに (7.18) と (7.14) を代入すると E となり，(7.21) が成り立つことがわかる．

式 (7.21) も統計物理学で，ある系についての F の具体的な表式が得られたときに，その系の内部エネルギー E を求めるための重要な式である．

(7.19) に (7.14) を代入すると，系の圧力 p は

$$p = -\left(\frac{\partial E}{\partial V}\right)_T + T\left(\frac{\partial S}{\partial V}\right)_T$$

である．右辺の第 2 項では T の値が固定されているので微分の外に出した．その項にマクスウェルの関係式 (7.20) を代入すると

$$p = -\left(\frac{\partial E}{\partial V}\right)_T + T\left(\frac{\partial p}{\partial T}\right)_V \tag{7.22}$$

が得られる．ここまでの計算でわかるように，この式自体は全く一般的に成り立つ熱力学的関係式である．

問題 4 理想気体の場合に，その状態方程式 $pV = nRT$ と (7.22) から，(3.41) で示したジュールの法則 $(\partial E/\partial V)_T = 0$ を導け．

例題 4

長さ l のゴムがあり，それを張力 X で dl だけ伸ばすのに必要な外からの仕事は $\delta W = X\,dl$ である．（外から系にする仕事 (3.2) を思い出そう．いまの場合，圧力 p に相当するのが引っ張る力 $-X$ であり，体積変化 dV の代わりに長さの変化 dl がくる．）したがって，ゴムのヘルムホルツの自由エネルギー F を温度 T と長さ l の関数 $F(T, l)$ とすると，(7.15) の代わりに，

$$dF = -S\,dT + X\,dl \tag{1}$$

とおくことができる．

一方，実験によると，ゴムを一定の長さ l に保ちながら温度を変えてその張力 X を測定すると，$X = cT$（c は長さ l によって決まる正定数）の関係が得られる．* このとき，長さ l を増すとエントロピー S が減少することを示せ．また，張力 X を一定にして温度 T を上げると，ゴムが縮むことを示せ．(5.4節でのゴム弾性のエントロピー的な説明を思い出そう．(1)で dF を使う理由は，p.137 の（注）を参照せよ．)

解 (1) 式から，

$$S = -\left(\frac{\partial F}{\partial T}\right)_l, \qquad X = \left(\frac{\partial F}{\partial l}\right)_T \tag{2}$$

S の l 依存性は S を l で微分することによって得られるので，$(\partial S/\partial l)_T$ を計算すればよい．(2)の第1式を l で微分し，実験式 $X = cT$ を使うと，

$$\left(\frac{\partial S}{\partial l}\right)_T = -\left(\frac{\partial}{\partial l}\left(\frac{\partial F}{\partial T}\right)_l\right)_T = -\left(\frac{\partial}{\partial T}\left(\frac{\partial F}{\partial l}\right)_T\right)_l = -\left(\frac{\partial X}{\partial T}\right)_l = -c < 0$$

ここで，第2の等号では微分の順序を換え，第3の等号では(2)の第2の式を使った．こうして，ゴムを伸ばすとそのエントロピーが減少することがわかる．これは定性的には，ゴムを伸ばすことにより，それを構成している鎖状高分子の絡まりが幾分ほどけるためである（5.4節を参照）．

また，ゴムの長さ l を温度 T と張力 X の関数 $l(T, X)$ とすると，その微小変化は(3.27)より

$$dl = \left(\frac{\partial l}{\partial T}\right)_X dT + \left(\frac{\partial l}{\partial X}\right)_T dX$$

この式で長さ l を固定すると，$dl = 0$ と $X = cT$ より

$$0 = \left(\frac{\partial l}{\partial T}\right)_X + \left(\frac{\partial l}{\partial X}\right)_T \left(\frac{\partial X}{\partial T}\right)_l = \left(\frac{\partial l}{\partial T}\right)_X + c\left(\frac{\partial l}{\partial X}\right)_T$$

$$\therefore \quad \left(\frac{\partial l}{\partial T}\right)_X = -c\left(\frac{\partial l}{\partial X}\right)_T$$

が得られる．

ところで，温度 T を一定にして張力を増すとゴムが伸びるのは当り前なので，$(\partial l/\partial X)_T > 0$ である．したがって，$(\partial l/\partial T)_X < 0$．これは，張力 X が一定の条件で温度 T を上げるとゴムの長さ l が縮むことを意味する．これは定性的には，温

---

* この関係は，理論的には鎖状高分子の統計物理学的な考察により導かれる．

度を上げると，ゴムを構成する鎖状高分子が一層複雑に絡まり，エントロピーが増すことを意味する（5.4 節を参照）．

7.3 エンタルピー

前章で，等圧過程によって系に熱を注入したときに増加する系のエネルギー関数として，エンタルピー H：

$$H = E + pV \tag{7.23}$$

を導入した．これについても前節と同様の考察をしてみよう．そのために，上式の両辺を微分して（7.1）を代入すると

$$dH = T\,dS + V\,dp \tag{7.24}$$

が得られる．これは熱力学第 1 法則のエンタルピー H による表現である．

問題 5 （7.24）を導け．

（7.24）より，エンタルピー H の自然な独立変数はエントロピー S と圧力 p と見なすことができる：

$$H = H(S, p) \tag{7.25}$$

したがって，H の微小量 dH は（3.27）より

$$dH = \left(\frac{\partial H}{\partial S}\right)_p dS + \left(\frac{\partial H}{\partial p}\right)_S dp \tag{7.26}$$

と表される．これは言うまでもなく単なる数学的関係式であり，これと（7.24）との比較から

$$T = \left(\frac{\partial H}{\partial S}\right)_p \quad (= T(S, p)) \tag{7.27}$$

$$V = \left(\frac{\partial H}{\partial p}\right)_S \quad (= V(S, p)) \tag{7.28}$$

が導かれる．（7.27）と（7.28）から S を消去すれば状態方程式 $V = V(T, p)$

7.3 エンタルピー

が得られることも明らかであろう．

(7.27) の両辺を p で微分し，右辺の二重微分の順序を換えて (7.28) を使うことにより，マクスウェル関係式の一つである

$$\left(\frac{\partial T}{\partial p}\right)_S = \left(\frac{\partial V}{\partial S}\right)_p \tag{7.29}$$

が導かれる．これも S を含む微分を含まない微分に関係づけている．

問題 6 (7.29) を導け．

(7.24) からわかるように，等圧過程（p：一定）では $dp = 0$ なので，系への熱の出入り $\delta Q = T\,dS$ がそのまま系のエンタルピーの増減 dH に反映される．したがって，(3.34) で定義した定圧熱容量 C_p はエンタルピー H を使って

$$C_p = \left(\frac{\partial H}{\partial T}\right)_p \tag{7.30}$$

と表される．これは定積熱容量 C_V が内部エネルギー E を使って (3.33) で表されるのとちょうど対を成す．圧力一定の条件下で熱の出入りをともなう化学反応系では，エンタルピー H の増減が測定されることになる．そのため，化学の世界ではエンタルピーが主役になることが多い．

エンタルピーが保存する現象として**ジュール - トムソン (Joule - Thomson) 効果**がある．空気などの気体を液化する液化装置に一般に使われている興味深い現象なので，ここで議論しておこう．図 7.1 に示してあるように，断熱体でできたパイプの中に気体を通す多孔質の栓 A が固定してある．

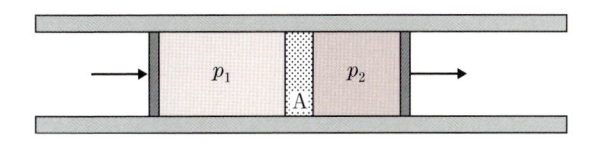

図 7.1 ジュール - トムソン過程

その両側に断熱体でできたピストンがあって，栓 A との間に気体が入れられている．このとき，左のピストンと栓 A の間の気体の圧力 p_1 と右のピストンと栓 A の間の気体の圧力 p_2 をともに一定に保ちながら，ゆっくりと栓 A の左の気体を栓 A の右側に移動させる過程を**ジュール－トムソン過程**という．穴だらけの多孔質物質でできている栓 A の役割は，気体を限りなくゆっくりと通して，全体としての巨視的な流れができないようにすることにある．

初めに，右側のピストンを栓 A に密着しておく．気体はすべて栓 A の左側にあり，その体積を V_1 としよう．次に，ジュール－トムソン過程によって左側のピストンが栓 A に密着するまで移動させる．こうして左側の気体は断熱的に栓 A を通してすべて右側に移る．そのときの気体の体積を V_2 とする．このとき，気体が外からされた仕事 W は，p_1 と p_2 がそれぞれ一定であることに注意して（3.2）を積分すると，

$$W = -\int_{V_1}^{0} p_1 \, dV - \int_{0}^{V_2} p_2 \, dV = p_1 V_1 - p_2 V_2$$

となる．上式右辺の第 1 項は気体が栓 A の左側で外からされた仕事を表し，栓 A の右側では気体が外に仕事をするので第 2 項には負号が付く．

気体がすべて栓 A の左側にあるときの初めの内部エネルギーを E_1，すべて栓 A の右側に移った後の内部エネルギーを E_2 とすると，この過程での内部エネルギーの増加 ΔE は $\Delta E = E_2 - E_1$ である．ジュール－トムソン過程は断熱過程だから，熱力学第 1 法則から気体が外からされた仕事 W はすべてその内部エネルギーの増加 ΔE になり，$\Delta E = W$ が成り立つ．したがって，$E_2 - E_1 = p_1 V_1 - p_2 V_2$ であり，これを整理すると，$E_1 + p_1 V_1 = E_2 + p_2 V_2$ が得られる．エンタルピー H の定義（7.23）より，このジュール－トムソン過程の初めのエンタルピーは $H_1 = E_1 + p_1 V_1$ であり，終りのエンタルピーは $H_2 = E_2 + p_2 V_2$ なので，結局

$$H_1 = H_2 \tag{7.31}$$

が成り立つことになる．これはジュール－トムソン過程でエンタルピーが保

存されることを示す．

　ジュール–トムソン過程で栓 A の右側に移った気体の温度は一般に変化する．この現象を**ジュール–トムソン効果**という．特に，温度が減少する場合には，ジュール–トムソン過程は技術的に単純な過程なので，液化機に実用的に使われているのである．このときの効率は，エンタルピー H が一定の下で栓 A の両側での圧力変化 Δp に対する温度変化 ΔT の大きさによって与えられる．それを微分の形で表すと $(\partial T/\partial p)_H$ であり，これを**ジュール–トムソン係数**という．詳しい熱力学的な計算によると，ジュール–トムソン係数は

$$\left(\frac{\partial T}{\partial p}\right)_H = \frac{1}{C_p}\left\{T\left(\frac{\partial V}{\partial T}\right)_p - V\right\} \tag{7.32}$$

で与えられる（付録 B の (B.20) を参照）．

問題 7 理想気体のジュール–トムソン係数はゼロであることを示せ．理想気体では分子間の相互作用がないので，逆にジュール–トムソン効果は分子間力によることがわかる．

7.4　ギブスの自由エネルギー

　前章で導入したギブスの自由エネルギー

$$G = E - TS + pV = F + pV \tag{7.33}$$

についても，F や H と同じようにその自然な独立変数が何かを見てみよう．(7.33) を微分して (7.1) または (7.15) を代入すると

$$dG = -S\,dT + V\,dp \tag{7.34}$$

が導かれる．これも (7.1) あるいは (7.15) を使っているので，熱力学第 1 法則のギブスの自由エネルギー G による表現である．(7.34) から G の自然な独立変数は温度 T と圧力 p であることがわかる：

$$G = G(T, p) \tag{7.35}$$

（ここはポイント！）

ヘルムホルツの自由エネルギー F の自然な独立変数は (7.15) より温度 T と体積 V である. T はともかく, V を変数とすることは実験的には不便なことが多い. 気体の体積を制御することはそれほど難しくないが, 液体や固体の体積の制御は容易ではない. それに比べて, 圧力の制御は実験的にははるかに容易である. 前章では等温等圧過程によって系からの粒子の出入りで系が外にする仕事として G を導入した. しかし, 実験の立場から見ると, 自然な独立変数として温度 T と圧力 p をもつギブスの自由エネルギー G はヘルムホルツの自由エネルギー F よりもさらに便利であるということができる.

温度 T, 圧力 p を独立変数とするギブスの自由エネルギー $G(T,p)$ の微小変化 dG は, 数学的には (3.27) より

$$dG = \left(\frac{\partial G}{\partial T}\right)_p dT + \left(\frac{\partial G}{\partial p}\right)_T dp \qquad (7.36)$$

と表される. これと (7.34) との比較から

$$S = -\left(\frac{\partial G}{\partial T}\right)_p \quad (= S(T,p)) \qquad (7.37)$$

$$V = \left(\frac{\partial G}{\partial p}\right)_T \quad (= V(T,p)) \qquad (7.38)$$

が得られる. (7.38) は系の状態方程式そのものである. また, (7.37) を p で微分し, 二重微分の順序を換えて (7.38) を代入することによって熱力学関係式

$$\left(\frac{\partial S}{\partial p}\right)_T = -\left(\frac{\partial V}{\partial T}\right)_p \qquad (7.39)$$

が導かれる. これもマクスウェル関係式の一つであって, 左辺の実験的には非常にやっかいな微分量を実験的に測定の容易な微分量に関係付けている. 実際, 右辺の微分量 $(\partial V/\partial T)_p$ は圧力一定の下での系の体積の温度変化率であり, (3.39) で定義した体膨張率 β を使えば βV と表される.

問題 8 (7.39) を導け.

7.4 ギブスの自由エネルギー

例題 5

系の粒子数 N も状態変数であるとして，(6.11) を使ってギブスの自由エネルギー (7.34) を拡張せよ．また，このときのギブスの自由エネルギー $G(T,p,N)$ は

$$G(T,p,N) = \mu N \tag{7.40}$$

と表されることを示せ．

[解] (7.33) を微分して $dG = dE - TdS - SdT + pdV + Vdp$. これに (6.11) を代入して

$$dG = -SdT + Vdp + \mu dN \tag{7.41}$$

ギブスの自由エネルギー $G(T,p,N)$ は系のエネルギーの一種で，示量性状態量 (1.4.2 節参照) である．したがって，温度 T と圧力 p を一定に保って粒子数 N を x 倍にすると，ギブスの自由エネルギーも x 倍となる：

$$G(T,p,xN) = x\,G(T,p,N)$$

この両辺を x で微分する．ただし，左辺の微分はまず xN で微分し，次にその xN を x で微分する演算を行なう：

$$\frac{\partial G(T,p,xN)}{\partial (xN)}\frac{\partial (xN)}{\partial x} = G(T,p,N)$$

$$\therefore\ N\frac{\partial G(T,p,xN)}{\partial (xN)} = G(T,p,N)$$

ここで $x \to 1$ とすると，

$$N\frac{\partial G(T,p,N)}{\partial N} = G(T,p,N)$$

ところが，(7.41) より

$$\left(\frac{\partial G}{\partial N}\right)_{T,p} = \mu \tag{7.42}$$

であり，これを上式に代入すると (7.40) が得られる．

問題 9 (7.40) と (7.41) より

$$SdT - Vdp + Nd\mu = 0 \tag{7.43}$$

を導け．これは**ギブス‐デュエム (Gibbs-Duhem) の関係**とよばれる．

7.5 相平衡

7.5.1 相図と相平衡

これまでの一般的な議論を踏まえて，ここでは熱力学の具体的な応用例を考えてみよう．物質は巨視的には一般に気体，液体，固体の状態を取り得ることはよく知られている．これらの定性的に違う状態を相ともいい，それぞれ，気相，液相，固相ということは 1.3.2 節で潜熱に関連して説明したとおりである．また，例えば，液体の水が温度の変化によって固体の氷になったり，気体の水蒸気になることも日常的によく経験することである．これは，物質を決め，独立な状態変数として例えば圧力 p と温度 T を選ぶと，p-T 図上で状態変数がどのような値のときにその物質がどのような状態（相）が実現するかという，相の地図が描けることを意味する．これを**相図**といい，図 7.2 に相図の大まかな様子を示す．

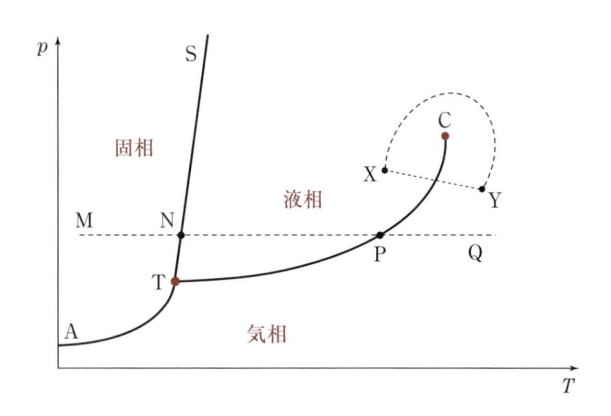

図 7.2 相図の概念図

図 7.2 で各相の境界上の点は両側の相が共存する状態を表す．例えば，図で曲線 T—C 上の点 P は液相と気相が共存している状態を表す．水の場合についていえば，図 7.3 に示すように，容器に閉じ込められた液相の水 A と

7.5 相平衡

気相の水蒸気 B が平衡状態を保って共存している状況を表す点である．また，水が適当な条件下で氷や水蒸気になるように，ある物質の相が温度や圧力などの状態量の変化によって別の相に変わることを**相転移**という．

具体的に水について，圧力 p を 1 atm（気圧）に固定して温度 T を変える場合を考えてみよう．これは図 7.2 で破線 M－N－P－Q に沿って状態を変える場合に相当する．低温部の M－N

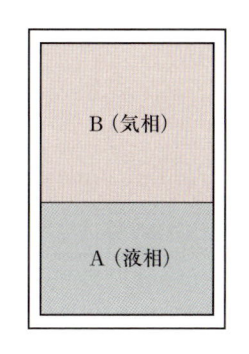

図 7.3 2 相 A, B の共存

では固相の氷の状態であり，点 N ($p=1\,[\mathrm{atm}]$, $T=273.15\,[\mathrm{K}]$ (0℃)) で固相の氷と液相の水との間の相転移が起きる．N－P 間では液相の水の状態が続き，点 P ($p=1\,[\mathrm{atm}]$, $T=373.15\,[\mathrm{K}]$ (100℃)) で液相の水と気相の水蒸気との間の相転移が起きて，P－Q で気相の水蒸気の状態が続く．山に登ってお湯を沸かすと沸点が低いことに気付くが，それは沸点 P が共存曲線 T－C 上で圧力の低下とともに左下に移動して，その温度が下がるからである．

ここで興味深いのは，気相と液相の共存曲線 T－C が点 C で途切れていることである．点 C は液体と気体の区別がつかなくなる状態を表す点で，**臨界点**とよばれる．液体と気体が区別できないなど信じられないと思うかもしれない．固体と液体の違いは，図 5.8 に示したように，物質を構成する原子・分子の配列の規則性から定性的な違いとしてはっきり区別される．ところが，気体と液体の区別というのはつきそうでつかない．原子・分子がバラバラという点では気体も液体も同じで，ただ分子間の距離が小さければ密度が大きくて液体，大きければ密度が小さくて気体と言っているだけのことなのである．

このように考えると，系の温度と圧力を変えていくうちに，液体と気体の密度の差がなくなって区別がつかなくなるような状況を想像することができ

るであろう．臨界点 C はそのような状態を表すのである．実際，図 7.2 に示した二つの状態 X と Y の間を点線で結ぶ場合と臨界点 C を迂回する破線で結ぶ場合を考えてみよう．点線の場合には共存曲線 T—C との交点で液相と気相の間の相転移が起こるが，迂回する破線の場合には状態は連続的に変化して相転移は見られない．水の臨界点の温度と圧力はそれぞれ，647.3 K，218.5 atm であり，炭酸ガス（二酸化炭素）では，それぞれ 304.3 K, 73.0 atm である．

図 7.2 で点 T は気相，液相，固相の三つの相が共存する状態で，**3 重点**とよばれる．水の場合，氷，水，水蒸気が熱平衡で共存する状態であり，その温度は $T = 273.16$ [K]（$=0.01$ [℃]），圧力は $p = 611$ [Pa] である．1 atm（気圧）は 101325 [Pa] = 1013.25 [hPa] であることに注意しよう．水の 3 重点の温度は温度の定点として使われる．

ここで，気相と液相などの共存曲線について，熱力学から何が言えるかについて議論してみよう．図 7.3 において，外からすっかり隔離された容器の中にある物質が閉じ込められており，その 2 相 A と B，例えば液相と気相が共存している場合を考える．それぞれの相を別々の系と見なすと，A 相と B 相の間で蒸発や凝縮などによる原子・分子のやり取りがあるので，独立な状態変数として温度 T と圧力 p だけでなく，粒子数 N も取らなければならない．そこで，A, B それぞれの相の温度，圧力，粒子数を T_A, p_A, N_A, T_B, p_B, N_B とおく．また，前節で導入した化学ポテンシャル μ も A, B それぞれの相で μ_A, μ_B とする．

いま，2 相 A と B が熱平衡の状態で安定に共存しているとすると，それぞれの相の温度，圧力，化学ポテンシャルの間に次の等式が成り立つことが示される：

$$T_A = T_B = T, \quad p_A = p_B = p, \quad \mu_A = \mu_B = \mu \quad (7.44)$$

これは次章の 8.6 節で示すが，直観的には難しいことではない．図 7.3 は外から隔離されているので，もし A 相の温度が B 相より高ければ，A 相か

らB相に熱が流れて温度が等しくなるであろう．すなわち，上の第1式は熱的なつり合いを表している．また，もしB相の圧力がA相のそれより高ければ，両相の圧力が等しくなるように界面が下がるはずである．上の第2式は力学的なつり合いを表している．同様に，$\mu_A > \mu_B$ ならば，A相の方に粒子が無理やり押し込められていることになり，$\mu_A = \mu_B$ になるまでA相からB相の方に粒子が移動する．(7.44)の第3式は粒子の流れのつり合いを表しているのである．このように，(7.44)は二つの相が共存するときの**相平衡**を表す関係式である．

7.5.2 ギブスの相律

これまでは断らない限り，1種類の純粋な物質から成る系の熱力学的な性質を議論してきた．このとき，熱力学的な自由度 f は2であり，温度と圧力など，自由に変えられる独立な熱力学的変数の数が2であることも折に触れて強調してきた通りである．それでは砂糖水や塩水のように砂糖や塩が水に溶け込んでいる場合や，高温超伝導の発現で一躍有名になった銅酸化物合金の一例である $Bi_2Sr_2Ca_2Cu_3O_{10}$ など，一つの系の構成成分がたくさんあるような場合には，その系の熱力学的自由度 f はどれだけなのであろうか．また，系は液相や固相のように，いろいろな相をとることも見てきた．この相の数は自由度 f にどのように関係するのであろうか．本節ではそれを議論してみよう．

いま，c 種類の成分から成る系が r 個の相に分かれて，熱平衡状態で共存している場合を考える．ある一つの相 i の状態はそれに含まれる c 種類の成分の成分比 x_k^i（相 i の中の成分 k の割合）で決まるが，成分比の総和には $\sum_{k=1}^{c} x_k^i = x_1^i + x_2^i + \cdots + x_c^i = 1$ が各相で成り立つ．例えば砂糖水があってそれがどれくらい甘いかという状態は，砂糖そのものがどれだけ含まれているかではなくて，水溶液全体に対して砂糖がどれだけ含まれているかという割合で決まるからであり，成分の割合の総和は1である．すなわち，砂糖水の

中の砂糖の割合が x なら，水の割合は $1-x$ で与えられる．また，水に砂糖と塩が溶け込んでおり，砂糖の割合が x_1，塩の割合が x_2 であれば，残る水の割合は $1-x_1-x_2$ と決まってしまうことも容易にわかるであろう．

したがって，それぞれの相での内部変数の数は 1 だけ減って $c-1$ であり，共存する r 相全体では $r(c-1)$ となる．これに，系全体の温度 T と圧力 p （あるいは体積 V）の熱力学的独立変数の数 2 を加えて，$r(c-1)+2$ が系全体の内部変数の数である．

ところで，前節の (7.44) で見たように，共存している相の間では各成分の化学ポテンシャルが等しい．したがって，成分 k の化学ポテンシャル μ_k^i（相 i の中の成分 k の化学ポテンシャル）の間には

$$\mu_k^1 = \mu_k^2 = \mu_k^3 = \cdots = \mu_k^r$$

という関係が成り立つ．ここでの方程式の数は $r-1$ であり，c 種類の成分全体では方程式の数が $c(r-1)$ となり，この数だけ自由度を制限する．こうして，系全体の熱力学的な自由度 f は

$$f = r(c-1) + 2 - c(r-1) = c - r + 2 \qquad (7.45)$$

という簡潔な形になる．これを**ギブスの相律**という．

水など 1 成分から成る純粋な系が液体などの 1 相で熱平衡状態にあるとき，$c = r = 1$ であり，$f = 2$ となる．これはいままで通りの結果である．前節で見た水の 3 重点では $c = 1$，$r = 3$ であり，$f = 0$ となる．すなわち，この場合には独立変数がなく，相図上で 3 重点を変えることができない．これが水だけでなく，多くの純粋物質の 3 重点を温度の定点として使う理由である．

例題 6

均質に溶けた砂糖水の熱力学的自由度 f はいくらであり，具体的には何に対応するか．

解 この場合，成分数は水と砂糖で $c = 2$，相の数は一様な砂糖の水溶液では

$r=1$ であり，ギブスの相律（7.45）より熱力学的な自由度の数は $f=3$．これは，砂糖水の温度 T と圧力 p，それに水溶液中の砂糖の成分比 x ととることができる．このとき水の成分比は $1-x$ となる．もちろん，水溶液の圧力 p の代わりに体積 V をとってもかまわない．

7.5.3 クラペイロン–クラウジウスの式

図 7.2 の共存曲線を念頭に置いて，A 相と B 相を分ける部分を拡大して模式的に描いたのが図 7.4 である．この共存曲線上の任意の点 P での状態変数を T, p, μ とおくと，2 相 A と B が共存しているので，(7.44) よりこれらは両相で等しい値をもつ．また，共存曲線上にあって，点 P のごく近くの点を P′ とし，この点での状態変数を $T+dT, p+dp, \mu+d\mu$ とおくと，この点 P′ でも 2 相 A と B は共存しているので，これらの値は両相で等しい．

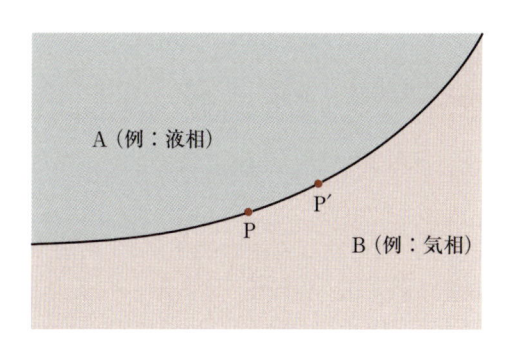

図 7.4 AB 2 相間の共存曲線

ところで，(7.43) のギブス–デュエムの式を 1 mol の物質に適用すると，1 mol の分子数がアボガドロ数 N_A（$=6.022\times10^{23}$/mol）なので，

$$S_m\,dT - V_m\,dp + N_A\,d\mu = 0 \tag{7.46}$$

が成り立つ．ここで，S_m, V_m は 1 mol 当りの物質のエントロピー，体積であり，モルエントロピー，モル体積とよばれることがある．(7.46) を A 相，B 相のそれぞれに適用すると

$$S_{\text{mA}}\,dT - V_{\text{mA}}\,dp + N_{\text{A}}\,d\mu = 0, \qquad S_{\text{mB}}\,dT - V_{\text{mB}}\,dp + N_{\text{A}}\,d\mu = 0 \tag{7.47}$$

が成り立つ．ここで，S_{m}，V_{m} に下付き A，B を付けたのは，A 相，B 相のそれぞれに対して S_{m}，V_{m} の値が一般に異なるからである．この 2 式から $N_{\text{A}}\,d\mu$ を消去すると，

$$\frac{dp}{dT} = \frac{S_{\text{mB}} - S_{\text{mA}}}{V_{\text{mB}} - V_{\text{mA}}} \tag{7.48}$$

が導かれる．図 7.4 で点 P′ を限りなく点 P に近づけると，3.5.1 節で議論したことから，上式の左辺は共存曲線の点 P での接線の傾きあるいは微分に他ならない．(7.48) は，それが右辺の量で与えられることを表しているのである．

問題 10 (7.48) を導け．

(7.48) 式の右辺の分母分子に温度 T を掛けると

$$\frac{dp}{dT} = \frac{T(S_{\text{mB}} - S_{\text{mA}})}{T(V_{\text{mB}} - V_{\text{mA}})}$$

となる．この式の右辺の分子は，(5.18) およびその式に関する議論より，物質が A 相から B 相へ相変化（相転移）する際の 1 mol 当りの潜熱である．また，分母の $V_{\text{mB}} - V_{\text{mA}}$ はそのときの体積変化である．これらをそれぞれ L_{m}，ΔV_{m} とすると，

$$L_{\text{m}} = T(S_{\text{mB}} - S_{\text{mA}}) \tag{7.49}$$

$$\Delta V_{\text{m}} = V_{\text{mB}} - V_{\text{mA}} \tag{7.50}$$

であり，これらを使うと上式は

$$\frac{dp}{dT} = \frac{L_{\text{m}}}{T\,\Delta V_{\text{m}}} \tag{7.51}$$

という，きれいな形にまとめられる．これを**クラペイロン‐クラウジウス (Clapeyron‐Clausius) の式**という．

例題 7

高度 1000 m での水の沸点を求めよ．ただし，この高度での気圧を 899hPa とし，沸騰した水蒸気は理想気体と見なす．また，100℃，1気圧 (1 [atm] = 1013 [hPa] = 1.013 × 10^5 [Pa] (= N/m^2)) での水の気化熱は 540 cal/g であり，この条件の近くでは水と水蒸気の共存線は直線と見なしてよいとする．

解 水 1 mol (18 g) について考えよう．100℃，1 atm での水の気化熱（蒸発の潜熱）L_m は

$$L_m = 540\,[\text{cal/g}] \times 18\,[\text{g}] = 9.72 \times 10^3\,[\text{cal}] = 4.08 \times 10^4\,[\text{J}]$$

である．また，この条件での水蒸気 1 mol の体積 V_m は

$$V_m = \frac{RT}{p} = \frac{8.31 \times 373}{1.013 \times 10^5}\left[\frac{\text{J}}{\text{N/m}^2}\right] = 30.6 \times 10^{-3}\,[\text{m}^3] = 30.6\,[\text{L}]$$

であり，水 1 mol の体積（約 18 cc）に比べてはるかに大きい．したがって，(7.50) で水の体積は無視できて，この場合，$\Delta V_m = 30.6 \times 10^{-3}\,[\text{m}^3]$ とおくことができる．こうして (7.51) は

$$\frac{dp}{dT} = \frac{L_m}{T\,\Delta V_m} = \frac{4.08 \times 10^4}{373 \times 30.6 \times 10^{-3}}\left[\frac{\text{J}}{\text{K}\cdot\text{m}^3}\right] = 3.57 \times 10^3\,[\text{Pa/K}]$$

となる．

高度 1000 m での気圧の変化は $\Delta p = 899 - 1013 = -114\,[\text{hPa}] = -1.14 \times 10^4\,[\text{Pa}]$ である．水と水蒸気の共存線は直線と見なされるので，沸点の変化 ΔT は $\Delta p / \Delta T = dp/dT$ より

$$\Delta T = \frac{\Delta p}{\dfrac{dp}{dT}} = \frac{-1.14 \times 10^4}{3.57 \times 10^3}\left[\frac{\text{Pa}}{\text{Pa/K}}\right] = -3.19\,[\text{K}]$$

すなわち，高度 1000 m での水の沸点は平地でのそれより 3.2℃ ほど下がり，96.8℃ ほどになる．これは実測値に近い．山登りの際にご飯など食事の煮物を作ると半煮えになることがあるのは，気圧が下がって水の沸点も下がるからである．

問題 11 水の沸点を 100℃ から 101℃ に上げるには気圧を 1 atm から何 atm にすればよいか．この問題は伝統的には，ご飯を炊くときのお釜のふたを重くしたり，料理に高圧鍋（釜）を使う理由を説明してくれる．

例題 8

0℃, 1気圧で氷は融解し, そのときの融解熱は 80 cal/g である. 圧力を 1 atm だけ増して 2 atm にしたとき, 氷の融解温度はどのように変化するか. ただし, 0℃での水と氷の密度をそれぞれ, 1.000, 0.917 g/cc とする.

解 もちろん, クラペイロン-クラウジウスの式は氷と水のように固体と液体の間の共存曲線についても成り立つ. 氷 18 g について考えよう. このときの氷の融解の潜熱 L_m は $L_m = 80$ [cal/g] $\times 18$ [g] $= 1.44 \times 10^3$ [cal] $= 6.03 \times 10^3$ [J] である. また, 水と氷 18 g の体積はそれぞれ, 18.00 cc, 19.64 cc なので, 氷の融解による体積変化は $\Delta V_m = -1.64$ [cc] $= -1.64 \times 10^{-6}$ [m^3] である. これらの値と $T = 273$ [K] を (7.51) に代入して,

$$\frac{dp}{dT} = \frac{L_m}{T \Delta V_m} = -\frac{6.03 \times 10^3}{2.73 \times 1.64 \times 10^{-4}} \left[\frac{\text{J}}{\text{K} \cdot \text{m}^3}\right]$$
$$= -1.35 \times 10^7 \text{[Pa/K]} = -1.33 \times 10^2 \text{[atm/K]}$$

この条件の付近で共存線が直線であると仮定すると, 例題 7 と同様にして

$$\Delta T = \frac{\Delta p}{\frac{dp}{dT}} = -\frac{1}{1.33 \times 10^2} \left[\frac{\text{atm}}{\text{atm/K}}\right] = -0.75 \times 10^{-2} \text{[K]}$$

すなわち, 氷の融点は 0.0075 K だけ下がる.

この値は小さいが, 氷の上に重い物を置くと, いつの間にかめり込んでいるのは, 互いに接している部分の氷の融点が下がって氷が融けたためであろう. また, 例えばスケートを考えると, うすいスケートの刃の上に人の体重が乗るので, スケートの刃が氷に及ぼす圧力は相当に高く, 氷の融点は何度か下がるかもしれない. それで氷が融け, できた水が潤滑材の働きをしてスケートがよく滑るという説もある. また, 一般に固体が融解して液体になると体積が増えるが, 氷の場合は逆で, 体積は減る. これは氷の結晶構造が特殊でかなりスカスカなために, 水になるとかえって密度が高くなるためである. そのために, この場合には $dp/dT < 0$ であり, p-T 図の 1 気圧近くでは氷と水の共存曲線は負の傾きをもつ.

問題 12 詳しい測定によると, 50℃ および 51℃ での水の飽和蒸気圧はそれぞれ, 12345, 12971 Pa である. この温度付近での水—水蒸気共存曲線は直線であり,

水蒸気を理想気体であると見なして，50℃における水の気化熱（気化の潜熱）を求めよ．

　物質の共存曲線について熱力学が言えるのは，(7.51) のクラペイロン-クラウジウスの式までである．例えば，具体的な物質として水について，温度 50℃ で (7.51) の右辺の値がいくらになるかは，残念ながら熱力学だけでは何も言えない．もちろん，図 7.2 のような相図がわかっていれば，共存曲線の接線の傾きから (7.51) の式の値が求められる．しかし，熱力学によって相図があることは言えても，その具体的な様子は求めることができない．

　だからと言って，熱力学の重要性が減るわけでは決してないことをここで改めて強調しておこう．本章の初めにも強調したように，(7.51) などの熱力学関係式は厳密に成り立つ．したがって，実験によって得られた熱力学的な測定量はどれも関連した熱力学関係式に従わなければならない．この制約を逆手にとって，水—水蒸気の共存曲線の傾きと体積変化の測定値と (7.51) を使って，潜熱を求めようとするのが問題 12 なのである．

　これまでの例題や問題からわかるように，いろいろな物質の基本的な物性量が求められていると，それと熱力学を使えば多くの熱現象の説明が可能になる．このように，熱がからむ多くの実際上の問題については，基礎的な物性の測定データと熱力学を併用する方がはるかに現実的である．

7.6　まとめとポイントチェック

　これまでに導入した，系のエネルギーに関する熱力学関数とその微小変化量をまとめておこう．

　(1)　内部エネルギー E：

$$E = E(S, V) \tag{7.2}$$

$$dE = T\,dS - p\,dV \tag{7.1}$$

(2) ヘルムホルツの自由エネルギー F：
$$F = E - TS = F(T, V) \qquad (7.14, 16)$$
$$dF = -S\,dT - p\,dV \qquad (7.15)$$

(3) エンタルピー H：
$$H = E + pV = H(S, p) \qquad (7.23, 25)$$
$$dH = T\,dS + V\,dp \qquad (7.24)$$

(4) ギブスの自由エネルギー G：
$$G = E - TS + pV = F + pV = G(T, p) \qquad (7.33, 35)$$
$$dG = -S\,dT + V\,dp \qquad (7.34)$$

(7.1), (7.15), (7.24), (7.34) はそれぞれのエネルギー関数による熱力学第 1 法則の表現である．(7.1) と (7.15) を比べてみると，ヘルムホルツの自由エネルギー $F = E - TS$ は内部エネルギー E の独立変数の一つである S の代りとして T に換えるために導入されたと見なすこともできる．このような手続きを**ルジャンドル変換**という．その意味で，H も G も適当な独立変数を選ぶためのルジャンドル変換である．

これまでに導いた**マクスウェル関係式** (7.7), (7.20), (7.29), (7.39) もここでまとめておく：

$$\left.\begin{array}{ll} \left(\dfrac{\partial p}{\partial S}\right)_V = -\left(\dfrac{\partial T}{\partial V}\right)_S, & \left(\dfrac{\partial S}{\partial V}\right)_T = \left(\dfrac{\partial p}{\partial T}\right)_V \\[2mm] \left(\dfrac{\partial V}{\partial S}\right)_p = \left(\dfrac{\partial T}{\partial p}\right)_S, & \left(\dfrac{\partial S}{\partial p}\right)_T = -\left(\dfrac{\partial V}{\partial T}\right)_p \end{array}\right\} \qquad (7.52)$$

これまでにも強調してきたように，これらの関係式はエントロピー S を含んでいて測定困難な左辺の量を，測定が比較的容易な右辺の量に関係付けている．実際，右辺の下付きの S はエントロピー S の値を固定すること，すなわち断熱過程を意味しており，実験的には熱の出入りを注意深く避けるだけのことである．

ポイントチェック

- □ 理想気体のエントロピーの式がどのように導かれるかがわかった.
- □ マクスウェルの関係式の導き方が理解できた.
- □ ジュールの法則が理想気体に対して成り立つことがわかった.
- □ 内部エネルギー,ヘルムホルツの自由エネルギーなどの熱力学的エネルギー関数の自然な独立変数は何かが理解できた.
- □ ゴム弾性の熱力学的な説明がわかった.
- □ ジュール－トムソン効果とはどんな現象かがわかった.
- □ 相図,相平衡,相律が理解できた.
- □ クラペイロン－クラウジウスの式の意味が理解できた.

(注) p.118 の例題 4 について

私たちは日常的にゴムを引っ張ったり,戻したりしている.このゴムそのものを熱力学的な系と見なして議論しているのが,この例題である.それではなぜ内部エネルギーの変化 dE ではなくて,ヘルムホルツの自由エネルギーの変化 dF を使ったのであろうか.私たちが普通にゴムを伸縮するのはかなり急激な変化であって,その間の熱の出入りは無視できる.すなわち,ゴムの伸縮は断熱過程 ($\delta Q = 0$) と見なしてよい.ところが,ゴムを伸縮すると,それを構成する鎖状高分子の絡み具合が変わり(図 5.11 参照),エントロピーは変化する.したがって,ゴムへの熱の出入りがなくても,その温度は変化する.このことは伸ばした直後にゴムをちょっとなめることで実感できるので,試してみるとよい.このような場合には,ヘルムホルツの自由エネルギー変化 dF を使うのが最適なのである.これはちょうど問題 4 で見たように,ジュールの法則 (3.41) がヘルムホルツの自由エネルギー F を使えば容易に理解できるのと同じことである.実際,この場合の (3.41) に相当する関係式 $(\partial E/\partial l)_T = 0$ は,定義式 $E = F + TS$ と式(1),$X = cT$(これは理想気体の状態方程式に相当)および,この例題の解で導かれた関係式を使えば,容易に証明できる.

1 温度と熱 → 2 熱と仕事 → 3 熱力学第1法則 → 4 熱力学第2法則 → 5 エントロピーの導入 → 6 利用可能なエネルギー → 7 熱力学の展開 → 8 非平衡現象 → 9 熱力学から統計物理学へ

8 非平衡現象

学習目標
- 不可逆過程とは何かを理解する．
- 不可逆機関の効率はカルノー機関の効率より低いことを理解する．
- クラウジウスの不等式を導く．
- エントロピー増大の原理とは何かを説明できるようになる．
- 系の熱力学的な安定性を理解する．

　これまでは準静的な可逆過程で成り立つ熱力学を議論してきた．しかし，準静的な可逆過程は一種の理想化であり，現実にはどんなに精巧に作られた機械にもその回転部分などに摩擦があるし，それに使用する気体や液体の粘性は避けられない．すなわち，現実の熱力学的な現象にはエネルギーの無駄遣いである散逸がつきものである．この現実を認めると，これまでに導入したエントロピーやヘルムホルツの自由エネルギーにどのような制約がかかるかを議論するのが本章の目的である．

8.1　可逆過程と不可逆過程

　可逆過程とは，考えている系のある状態から出発して，その系と外界の状態をすべて元に戻すことができるような過程である．例えば，第4章で詳しく議論したカルノー機関は，図4.1にあるように，系としての作業物質の状態を A→B→C→D→A のように循環（サイクル）的に運転する．しかも途中のどの過程でも準静的に運転するので可逆的であり，逆方向の運転も可能である．すなわち，カルノー機関は可逆過程を使った熱機関である．

　可逆過程は系の状態を準静的に変えざるを得ず，一種の理想化である．

8.1 可逆過程と不可逆過程

現実には摩擦などがあり，有用なエネルギーの散逸は避けられない．例えば，高温の物体と低温の物体を接触させると熱エネルギーは前者から後者へ一方的に移動し，無理やり外から仕事をしない限り，元の状態には戻らない．このように，ひとりでには元に戻らないような過程を**不可逆過程**といい，現実の日常的な巨視的世界で起きる過程はほとんどの場合，不可逆である．

クラウジウスの原理で表現されているように，熱の本性は高温から低温へ一方的に移動することにある．ただ，これまではそれを不可逆過程として取り扱ってきたわけではないことに注意しよう．例えば，カルノー機関は，熱が高温熱源から低温熱源へ一方的に移動するという熱の本性としての不可逆性を前提とした上で，熱の移動を準静的に行なっている可逆機関である．この不可逆性こそがトムソンの原理として熱エネルギーの利用の限界を定め，カルノー機関の効率への制限として表面化し，また，熱に関係した状態量としてエントロピーの導入のきっかけともなったのである．このように，これまでは熱の本性としての不可逆性は十分考慮してきたのであるが，それでも準静的可逆過程の範囲内で議論してきたのであって，不可逆過程を直接取り扱ってきたわけではない．

不可逆過程をともなう現象を**非平衡現象**という．その代表的な例を図 8.1 に示す．(a) は高温物体から低温物体への熱の移動を示し，熱伝導とよばれる．(b) は水中にインクを 1 滴入れた場合で，インクの分子は水中に拡散し，

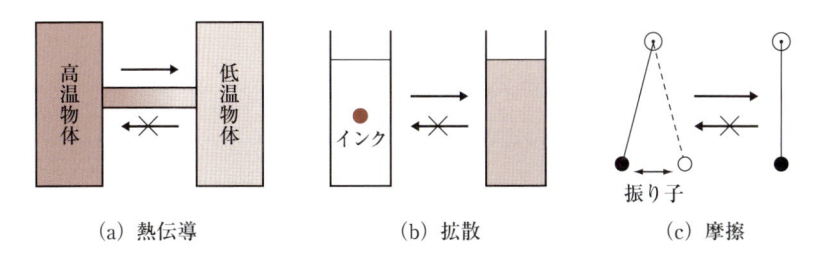

(a) 熱伝導　　　(b) 拡散　　　(c) 摩擦

図 8.1　非平衡現象の例

ついには水全体が薄いけれども一様なインクの色を呈する．(c) は行きつ戻りつ往復運動していた振り子が，支点での摩擦や空気の粘性抵抗によってだんだん振れが小さくなって，ついには静止する様子が示されている．これらの現象ではいずれも逆向きに進行することはあり得ず，不可逆過程をともなった非平衡現象である．

本章では，これまでに導入したエントロピーやヘルムホルツの自由エネルギーなどの熱力学関数に不可逆過程がどのような制限をもたらすかを議論する．

8.2　カルノーの第2定理

カルノーの第1定理によれば，準静的な可逆機関であるカルノー機関の効率は作業物質として何を使うかによらず，熱源の温度だけで決まる．そのためにその効率から普遍的な温度の基準としての絶対温度が定められることになり，それなら性質がよく知られている理想気体の温度をもって絶対温度とすればよいということであった．しかし，現実の熱機関は機械の回転軸やピストンに摩擦があるし，作業物質の粘性などによるエネルギーの散逸が避けられない．すなわち，現実の熱機関は大なり小なり不可逆過程を内部にもつ不可逆機関と見なされる．

そこで，この不可逆機関の効率について考えてみよう．いま，図8.2のような，カルノー機関Cと不可逆機関Iの結合機関C＋Iを考える．すなわち，Iが外にする仕事Wを使ってCを逆運転するのである．このとき，それぞれの機関の効率は

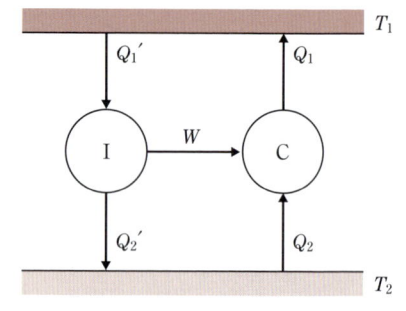

図 8.2　結合機関C＋I

$$\eta_{\mathrm{C}} = \frac{W}{Q_1}, \qquad \eta_{\mathrm{I}} = \frac{W}{Q_1'} \tag{8.1}$$

である．カルノー機関Cでは，これまで通り熱力学第1法則（エネルギー保存則）によって

$$\mathrm{C}: \quad Q_1 = Q_2 + W \tag{8.2}$$

が成り立つ．不可逆機関Iでは，摩擦などの不可逆過程で無駄なエネルギーが発生する．しかし，これは低温熱源に放出する Q_2' に含まれるので，Iでもエネルギー保存則は成り立ち，

$$\mathrm{I}: \quad Q_1' = Q_2' + W \tag{8.3}$$

である．

上の2式（8.2）と（8.3）の差をとると

$$Q_1 - Q_1' = Q_2 - Q_2' \tag{8.4}$$

が成り立つ．そこで二つの熱機関CとIの効率について，まず

　　（i）　$\eta_{\mathrm{I}} > \eta_{\mathrm{C}}$

と仮定してみる．すると，(8.1) から容易に不等式 $Q_1 > Q_1'$ が導かれる．そこで結合機関C＋Iが1サイクル運転した後の熱源間の熱の授受を調べると，図8.2より

　低温熱源は $Q_2 - Q_2' = Q_1 - Q_1' (>0)$ の熱を出し（等号は (8.4) より），
　高温熱源は $Q_1 - Q_1' (>0)$ の熱を受け取っている．

そして，1サイクルの後に，結合機関I＋Cがすっかり元の状態に戻っている．これは外から何もしないのに熱が自然に低温熱源から高温熱源に移動したことになり，明らかにクラウジウスの原理に反している．したがって，初めの仮定が誤りであり，

$$\eta_{\mathrm{I}} \leqq \eta_{\mathrm{C}}$$

と結論される．

次に，

（ⅱ）$\eta_\mathrm{I} = \eta_\mathrm{C}$

と仮定しよう．すると，(8.1) より $Q_1 = Q_1'$ であり，(8.4) より $Q_2 = Q_2'$ となる．このとき，図 8.2 より，結合機関 Ⅰ＋C の 1 サイクルの運転の後に，高温熱源が受け取った熱は $Q_1 - Q_1' = 0$ であり，低温熱源が出した熱も $Q_2 - Q_2' = 0$ であって，全体が完全に元の状態に戻る．これは結合機関 Ⅰ＋C が可逆機関であることを意味する．これより C が可逆機関なので Ⅰ も可逆機関であることになり，やはり仮定と矛盾する．

以上，（ⅰ）と（ⅱ）により

$$\eta_\mathrm{I} < \eta_\mathrm{C} \tag{8.5}$$

と結論される．すなわち，

「不可逆機関の効率は可逆なカルノー機関の効率より低い．」

これはカルノーの第 2 定理とよばれる．

8.3　不可逆機関のエントロピー変化

可逆なカルノー機関の効率 η_C は

$$\eta_\mathrm{C} = \frac{W}{Q_1} = 1 - \frac{Q_2}{Q_1} = 1 - \frac{T_2}{T_1} \tag{8.6}$$

と表され，この第 3 の等号より

$$\frac{Q_1}{T_1} = \frac{Q_2}{T_2} \tag{8.7}$$

が導かれる．これは，カルノー機関では高温熱源から取り込まれる熱量 Q_1 と低温熱源に出される熱量 Q_2 とは等しくない（熱量は保存されない）が，それらをそれぞれの温度で割ったエントロピー Q/T は保存されることを意味している．すなわち，可逆なカルノー機関では，高温熱源から受け取ったエントロピー $S_1 = Q_1/T_1$ をそのまま $S_2 = Q_2/T_2 = S_1$ として低温熱源に排出する．

それでは不可逆機関 I ではどうだろうか. (8.1) と (8.3) より, I の効率 η_1 は

$$\eta_1 = \frac{W}{Q_1'} = 1 - \frac{Q_2'}{Q_1'} \tag{8.8}$$

である. (8.8) と (8.6) を (8.5) に代入して整理すると

$$\frac{Q_1'}{T_1} < \frac{Q_2'}{T_2} \tag{8.9}$$

が導かれる. これは不可逆機関では高温熱源から吸収したエントロピー $S_1' = Q_1'/T_1$ よりも低温熱源に排出したエントロピー $S_2' = Q_2'/T_2$ の方が大きいことを意味している.

不可逆機関では, 回転軸, ピストンとシリンダーの間の摩擦や, 作業物質内での熱伝導, 対流などの非平衡現象が避けられない. これらの不可逆過程で生じた無駄な熱エネルギーが上に記したエントロピーの増加となる. これを不可逆過程の**エントロピー生成**という. 機関内で増大したエントロピーは低温熱源に排出される. (8.9) の不等式はそのことを表している.

8.4　クラウジウスの不等式

前節の結果は, 熱機関での不可逆過程によるエントロピーの増大であった. このことを作業物質の p-V 平面での等温・断熱曲線で図示すると, 図 8.3 のように表される. このとき, 系の立場から見て, 高温熱源から入る熱を正の量, 低温熱源に出される熱を負の量として符号まで考慮してみよう. (8.9) はすべての量が正であるとして表された式であるが, ここではその中で Q_2' を負の量 ($Q_2' < 0$) と見なそうというわけである. そのためには, (8.9) の右辺の Q_2' は正の量 $-Q_2'$ におきかえなければならない. そうしてから (8.9) を整理すると, 不可逆機関では

$$\frac{Q_1'}{T_1} + \frac{Q_2'}{T_2} < 0 \tag{8.10}$$

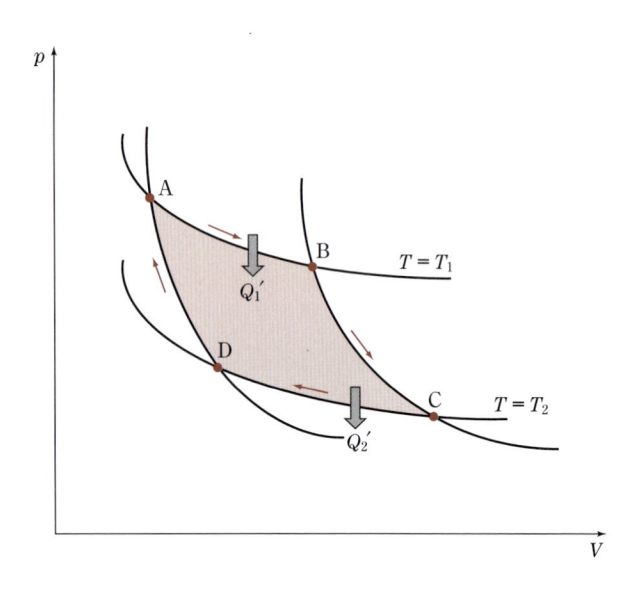

図 8.3　不可逆機関のサイクル

という関係が成り立つことがわかる．

問題 1　可逆なカルノー機関について，同じように熱量の収支に関する符号 ($Q_1 > 0$, $Q_2 < 0$) を付けると，(8.7) はどのようになるか．

　それでは図 8.3 の不可逆機関のサイクルに限定しないで，図 8.4 のような一般の閉じた過程 C_I があり，途中に不可逆な現象が含まれている場合はどうであろうか．クラウジウスの等式を議論したときと同様に (図 5.2 参照)，図 8.4 の p-V 平面を作業物質の等温・断熱曲線群でびっしりと覆う．

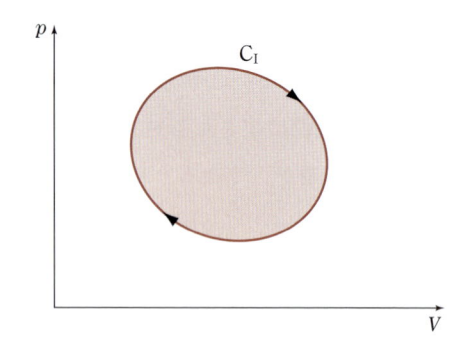

図 8.4　不可逆過程を含む一般のサイクル C_I

8.4 クラウジウスの不等式

この場合も二つの隣り合う等温曲線と断熱曲線でできる微小なメッシュ（可逆な場合の図 5.3 参照）は微小な不可逆機関と見なすことができ，C_1 およびその内部を覆うすべてのメッシュについての総和

$$\sum_i \frac{\delta Q_i'}{T_i} \tag{8.11}$$

を二つの方法で計算しよう．

まず，i 番目の微小なメッシュに対して，(8.10) の不等式

$$\frac{\delta Q_{1i}'}{T_{1i}} + \frac{\delta Q_{2i}'}{T_{2i}} < 0$$

が成り立つ．可逆な場合には，(5.6) が成り立ったことに注意しよう．そこで図 8.4 の閉じた過程 C_1 及びその内部を覆うメッシュだけに注目して，それらすべてについて成り立つ (8.10) の総和を作ると，可逆な場合の (5.7) に対して

$$\sum_i \frac{\delta Q_i'}{T_i} < 0 \tag{8.12}$$

という不等式が成り立つ．

他方，可逆な図 5.3 の場合と同様に，このときも微小なメッシュが閉曲線 C_1 内にあると，このメッシュに隣接したメッシュが必ずある．したがって，隣接したメッシュの間の操作がちょうどキャンセルされる．ただし，閉曲線 C_1 と重なるメッシュにおいて，C_1 と交わる辺上ではこのキャンセルは起こらない．以上によって，(8.11) は

$$\sum_i \frac{\delta Q_i'}{T_i} = \sum_j \frac{\delta Q_j'}{T_j} \quad (j \text{ は } C_1 \text{ と重なるメッシュのうち } C_1 \text{ と交わる辺})$$

となり，C の内部にあるメッシュの寄与はなくなる．

ここでメッシュのサイズを限りなく小さくすると，上式の右辺は $\delta Q/T$ を閉曲線 C_1 に沿って積分することに相当するので，これを

と表す．記号 $\oint_{C_I}$ は閉曲線 C_I に沿ってぐるりと1周だけ線積分することを意味する．結局，メッシュを小さくする極限で，(8.13) を (8.12) に代入すると，不等式

$$\oint_{C_I} \frac{\delta Q}{T} < 0 \tag{8.14}$$

が得られる．これは**クラウジウスの不等式**とよばれ，可逆過程についてのクラウジウスの等式（5.9）の拡張である．

8.5 エントロピー増大の原理

いま，閉じた過程 C_I 上に二つの状態 A と B をとり，図 8.5 のように，二つのルートを

$$\begin{cases} \text{I} \ (A \to B)：不可逆過程 \\ \text{II} \ (B \to A)：可逆過程 \end{cases}$$

としよう．この場合も，途中に不可逆過程が含まれているので，全体としては (8.14) が成り立ち，不等式

$$\int_{I,A}^{B} \frac{\delta Q}{T} + \int_{II,B}^{A} \frac{\delta Q}{T} < 0 \tag{8.15}$$

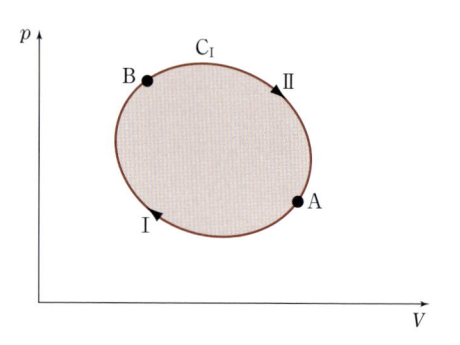

図 8.5 状態 A と B を通る不可逆的サイクル C_I

が得られる．

ところで，過程 II は可逆なので逆行が可能で，(5.12) と (5.13) より状態量としてのエントロピーを使って

8.5 エントロピー増大の原理

$$\int_{\mathrm{II,B}}^{\mathrm{A}} \frac{\delta Q}{T} = -\int_{\mathrm{II,A}}^{\mathrm{B}} \frac{\delta Q}{T} = -\int_{\mathrm{II,A}}^{\mathrm{B}} dS = S_{\mathrm{A}} - S_{\mathrm{B}} \qquad (8.16)$$

と表される.これを (8.15) に代入すると

$$\int_{\mathrm{I,A}}^{\mathrm{B}} \frac{\delta Q}{T} < S_{\mathrm{B}} - S_{\mathrm{A}} \qquad (8.17)$$

が成り立つ.ここで左辺の積分は途中に不可逆過程をともなうので,その値は積分経路によることになり,系の状態量では表せないことに注意しておく.

ここで具体的な系として,外界とすっかり遮断された孤立系を考えてみよう.このとき,系はもちろん熱的にも遮られているので外からの熱がなく $\delta Q = 0$ であり,(8.17) の左辺はゼロである.したがって,孤立系においては状態 A から不可逆過程によって状態 B に移行すると,

$$S_{\mathrm{A}} < S_{\mathrm{B}} \qquad (8.18)$$

が成り立つ.これは

「孤立系のエントロピーは不可逆過程により常に増大する」

ことを意味する.これをエントロピー増大の原理という.

例題 1

温度 T,モル数 n の理想気体が体積 V_0 の状態から真空中に断熱的に膨張して体積 V_1 の状態になる場合に温度は変化せず,エントロピーが増大していることを確かめよ.すなわち,この過程は不可逆である.

解 断熱過程だから熱の出入りはなく,$\delta Q = 0$ である.また,気体が真空中へ膨張するのでこの気体は仕事をすることもされることもなく,$\delta W = 0$.したがって,熱力学第 1 法則 (3.10) より,内部エネルギーの変化もなく,$dE = 0$ である.理想気体では (3.43) より $dE = C_V dT$ が成り立つので,結局,$dT = 0$ となって,この過程では温度変化がない.

エントロピーの変化 ΔS は,(7.13) を使って,そのすぐ下の問題 2 と同様に計算すると,

$$\Delta S = S(T, V_1) - S(T, V_0) = nR \ln \frac{V_1}{V_0}$$

となる．膨張過程なので $V_1 > V_0$ であり，$\Delta S > 0$ となって，結局，この過程でエントロピーは増大する．

　気体の真空中への膨張が不可逆過程であることは，サイダーの栓を抜いたときに部屋の中に噴出した炭酸ガスが何もしないのにまたビンの中に収まるなどということがあり得ないことからも理解できるであろう．また，以上の結果は，3.7 節においてジュールが行なった実験の結果として議論したジュールの法則の熱力学的な説明であることにも注意しよう．

8.6　系の熱力学的な安定性

　(8.17) で状態 A と B の差が非常に小さい場合を考えてみよう．このときエントロピーの差も小さく，$S_B - S_A = dS$ とおくことができる．エントロピー S は状態量なので，この dS は単なる微小量とも，状態関数としての S の微分とも見なすことができる．他方，(8.17) の左辺は $\delta Q/T$ とおくことができるので，この場合，(8.17) は

$$\delta Q < T\,dS \quad \text{(不可逆過程)} \tag{8.19}$$

となる．上式は，系が外から熱量 δQ を受け取ると，それにともなって系内で不可逆過程によるエントロピー生成が起こり，結果としてエントロピーの増大が起こることを意味する．また，可逆過程では $\delta Q = T\,dS$ なので，一般に

$$\delta Q \leqq T\,dS \quad \text{(等号は可逆のとき)} \tag{8.20}$$

が成り立つ．

　以下では，**孤立した系**（外とのエネルギーの出入りも物質の出入りもない系）と**閉じた系**（エネルギーの出入りはあるが，物質の出入りがない系）について，式 (8.20) が何を意味するかを考えてみよう．

　（1）孤立系

　このとき，系は外界と遮断されているので $\delta Q = 0$ である．(8.20) より孤立系では

$$dS \geqq 0 \tag{8.21}$$

8.6 系の熱力学的な安定性

が成り立つ（エントロピー増大の原理）．すなわち，

> 「孤立系では系内で起こる不可逆現象によってエントロピーは増大し続け，最大となって熱平衡状態に至り，熱力学的に安定する」

ということができる．しかし，この安定状態は巨視的には変化のない状態であり，「熱力学的死」とも言われる．

以前に，エントロピーとは系の乱雑さの度合いを表すことを記した．その意味で，「エントロピー増大」とは系の乱雑さが自発的に増すことを意味する．系をある状態にポンと放置すると，勝手にどんどん乱雑な状態になることは，日常的にも部屋の中の整頓状態の変化でよく経験することであろう．

ここはポイント！

例題 2

図 7.3 のように，2 相 A と B が共存していて熱平衡にあり，全体として孤立系のとき，それぞれの相の温度，圧力，化学ポテンシャルの間に次の等式が成り立つことを示せ：

$$T_A = T_B, \qquad p_A = p_B, \qquad \mu_A = \mu_B$$

これらは (7.44) に関連して記したように，それぞれ，2 相が平衡にあるときの熱的，力学的，および粒子の流れのつり合いを表している．

解 それぞれの相の温度，圧力，化学ポテンシャル，体積，粒子数，内部エネルギー，エントロピーを $\{T_A, p_A, \mu_A, V_A, N_A, E_A, S_A\}$, $\{T_B, p_B, \mu_B, V_B, N_B, E_B, S_B\}$ とする．系全体のエントロピーは $S_A + S_B$ であり，系全体は孤立系なので，エントロピー増大の原理より熱平衡状態で最大値（max）をとる：

$$S_A + S_B = \max \tag{1}$$

したがって，その微小変化に対して

$$dS_A + dS_B = 0 \tag{2}$$

が成り立つ．他方，系全体は孤立しているので，全体としての体積 V, 粒子数 N, 内部エネルギー E は変化がなく，一定である：

$$V_A + V_B = V, \qquad N_A + N_B = N, \qquad E_A + E_B = E \tag{3}$$

したがって，それぞれの微小変化に対しても

8. 非平衡現象

$$dV_A + dV_B = 0, \quad dN_A + dN_B = 0, \quad dE_A + dE_B = 0 \quad (4)$$

が成り立つ．(2) の右辺のゼロはエントロピー S が最大値をとるためにその微分がゼロであるのに対して，(4) の3式の右辺のゼロは V, N, E が定数だからであることに注意しておく．

(6.11) より，粒子数 N も状態変数のときのエントロピーの微小変化 dS は

$$dS = \frac{dE}{T} + \frac{p\,dV}{T} - \frac{\mu\,dN}{T} \quad (5)$$

と表される．これを (2) に代入すると，

$$\frac{dE_A}{T_A} + \frac{p_A\,dV_A}{T_A} - \frac{\mu_A\,dN_A}{T_A} + \frac{dE_B}{T_B} + \frac{p_B\,dV_B}{T_B} - \frac{\mu_B\,dN_B}{T_B} = 0 \quad (6)$$

ここで，(4) を使って，微小な変化量を A 相の量だけで表すと，(6) は

$$\left(\frac{1}{T_A} - \frac{1}{T_B}\right)dE_A + \left(\frac{p_A}{T_A} - \frac{p_B}{T_B}\right)dV_A - \left(\frac{\mu_A}{T_A} - \frac{\mu_B}{T_B}\right)dN_A = 0 \quad (7)$$

となる．A 相の微小量 dE_A, dV_A, dN_A は勝手に変えられる量なので，それらが (7) を満たすためにはそれらの係数がゼロでなければならない：

$$\frac{1}{T_A} - \frac{1}{T_B} = 0, \quad \frac{p_A}{T_A} - \frac{p_B}{T_B} = 0, \quad \frac{\mu_A}{T_A} - \frac{\mu_B}{T_B} = 0 \quad (8)$$

これより与式が導かれる．

（2）閉じた系

系と外界との間にエネルギーのやり取りはあるが，物質の出入りが全くない系を **閉じた系** という．この場合，図 8.6 のように，外からの熱 δQ や仕事 δW があり，熱力学第1法則により系の内部エネルギーの変化 dE は

$$dE = \delta Q - p\,dV \quad (8.22)$$

と表される．ここでは右辺に δQ を使っているので，系内に不可逆過程が起こっていても上式は成り立つことに注意しよう．この式と (8.20) より

$$\delta Q = dE + p\,dV \leqq T\,dS$$

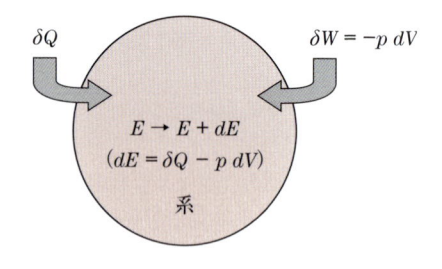

図 8.6 不可逆過程があるときの系の内部エネルギーの変化

8.6 系の熱力学的な安定性

であり，これより

$$dE \leqq T\,dS - p\,dV \tag{8.23}$$

が成り立つ．

ヘルムホルツの自由エネルギー F の定義は $F = E - TS$ であり，これより $E = F + TS$ の微分を (8.23) の左辺に代入して整理すると，不等式

$$dF \leqq -S\,dT - p\,dV \tag{8.24}$$

が得られる．この式から，等温等積過程 ($dT = dV = 0$) では $dF \leqq 0$ である．すなわち，温度，体積を一定に保つという条件の下で系の任意の状態から出発すると，系のヘルムホルツの自由エネルギー F が減少し，F が最小になったところで安定な熱平衡状態に達する．

ギブスの自由エネルギー G についても同様の考察ができ，

$$dG \leqq -S\,dT + V\,dp \tag{8.25}$$

が導かれる．この場合，等温等圧過程 ($dT = dp = 0$) で $dG \leqq 0$ となる．すなわち，温度と圧力が一定の条件下では系のギブスの自由エネルギー G が減少し，G が最小になったところで安定な熱平衡状態が実現する．

問題 2 (8.24), (8.25) を導け．

以上の結果をまとめると，系の変化の方向は

$$\begin{cases} 断熱過程： & dS \geqq 0 \text{（エントロピー } S \text{ が最大になる方向へ）} \\ 等温等積過程： & dF \leqq 0 \text{（ヘルムホルツの自由エネルギーが最小になる方向へ）} \\ 等温等圧過程： & dG \leqq 0 \text{（ギブスの自由エネルギーが最小になる方向へ）} \end{cases}$$

ということができる．

ただし，ここで注意しなければならないのは，(8.23) を見て，内部エネルギー E についても (8.24) や (8.25) の場合の F や G と同じようなことは言えないことである．(8.23) より断熱等積過程で系の内部エネルギー E がどんどん減少するかというとそうではない．断熱等積過程とは $\delta Q = \delta W = 0$ であって，その場合の系は孤立系であり，内部エネルギー E は変化し得ない．

孤立系とは無関係に，もし系内に不可逆過程があれば，不等式（8.19）が成り立つ．これと普遍的に成り立つ熱力学第1法則（8.22）を組み合わせると，不等式（8.23）が導かれるだけのことであって，内部エネルギーの減少を意味するわけではない．

8.7　不可逆過程の熱力学

　前節までに，系の種類として外界と全くつながりのない「孤立系」と，エネルギーの出入りはあるが，物質のやり取りのない「閉じた系」があることを記した．もちろん，これ以外に物質のやり取りもある「**開いた系**」がある．例えば，私たちの身体を考えてみよう．私たちは日頃の活動のエネルギー源として食物を食べて（物質を取り入れて）体内で数知れない不可逆的・非平衡的な化学反応を行ない，不要物を適当に排泄している．寒いと暖房器で直接身体を暖めて熱を取り入れ，暑いと汗を出してその蒸発に必要な熱を出すことで体温を維持する．すなわち，私たちの身体はエネルギー的にも物質的にも開いた系である．このような系を**非平衡開放系**という．

　エネルギーの授受という意味では，地球は典型的な非平衡開放系である．太陽の表面温度は6000K程度であり，地球表面の温度は約300K，宇宙はビッグバンの名残で約3Kの温度をもつ．すなわち，地球表面は高温の太陽から太陽光によるエネルギーを受け取り，低温の宇宙にエネルギーを放出している．この大規模なエネルギーの流れのおかげで地球表面では空気や水などの物質の大規模な移動が起こっており，どこの一部をとっても非平衡開放系と見なされる．このように考えると，私たちの身の周りの環境には大なり小なり非平衡開放系の問題が関わっていると見なされよう．したがって，環境問題を科学的に考察するためには不可逆過程あるいは非平衡開放系の熱力学が必要である．

　もっと身近な例として，お椀の中の熱いみそ汁を考えてみよう．お椀の大

きさは 10 cm 程度であろう．しばらく食卓に置いたままにして観察すると，みそ汁の中に 1 cm 程度の安定したセル状の構造が見え始め，セルの中で小さなみそつぶが対流していることがわかる．このように，お椀の中のみそ汁を一つの系と考えると，中で対流が起こっていて流体として一様ではない．しかも，これは周囲に熱を放出する，典型的な非平衡開放系である．

　考える系を構成する物質に濃度差や温度差があると，系内で物質や熱の流れが生じる．このとき，濃度勾配が小さいと物質の流れはその濃度勾配に比例する（**フィック（Fick）の法則**）と見なしてよく，温度勾配が小さければ熱の流れは温度勾配に比例する（**フーリエ（Fourier）の法則**）としてかまわない．これにさらに，日常的には厳密に成り立つ質量保存則（物質は勝手にできたり消えたりしない），運動量保存則，エネルギー保存則を組み込むと，流体物理学ができ上がる．

　その上，日常的な巨視的スケールと原子や分子サイズの微視的スケールの中間ほどの領域内では，熱力学的には一様で平衡状態が実現していると見なすことができる場合が非常に多い．これを**局所平衡の仮定**という．上のみそ汁の例で言えば，お椀の中を全体としてみると典型的な非平衡開放系であるが，これを一辺 1 μm 程度の立方体セルに分割すると，それぞれのセルはほぼ一様な温度，密度，圧力をもっていて熱平衡状態にあると見なされるであろう．それでも 1 mm も離れたセルの間には温度や濃度などの差が目立つようになるというわけである．この局所平衡の仮定が成り立つとすると，それぞれのセルの中でこれまでの熱力学を使うことができ，いろいろな熱力学的状態量を関係付けられるようになる．こうして，非平衡開放系の中で熱力学的な状態量が空間的，時間的にどのように変化するかを議論する枠組みとして**非平衡開放系の熱力学**ができ上がる．

　不可逆過程・非平衡開放系の熱力学は本書の範囲を超えるので，「あとがき」に参考文献を記すにとどめる．

8.8 まとめとポイントチェック

　現実に見られるほとんどの熱力学的現象に摩擦や粘性，熱伝導，物質流などを通して不可逆過程が関与している．本章ではこのことを素直に認めると，熱力学関数にどのような制限がつくかを見てきた．

　カルノーの熱機関は可逆機関であり，エネルギーの無駄使いがないので，カルノーの第2定理の主張である可逆機関の効率が不可逆機関のそれより大きいことは直観的にも理解できるであろう．クラウジウスの不等式の導き方には 5.2 節のクラウジウスの関係式の導き方と同じ考え方が使われている．

　本章での最も重要な結論は，孤立系でのエントロピー増大の原理である．室内のテーブルの上に置かれたコップの中の熱いお湯は冷めていずれは室温になる（エントロピーの増大）のであって，逆に室温と等しかった水が周囲から勝手に熱を集めて熱くなること（エントロピーの減少）は決して起こらない．日常的に経験する諸々の現象の時間の向きは，この原理で決まっているということができる．

ポイントチェック

- ☐ 可逆過程と不可逆過程の違いがわかった．
- ☐ カルノーの熱機関は効率が最大の熱機関であることがわかった．
- ☐ 不可逆過程を含む一般のサイクルについてのクラウジウスの不等式が理解できた．
- ☐ 孤立系でのエントロピー増大の原理が理解できた．
- ☐ 孤立系，閉じた系，非平衡開放系の違いがわかった．
- ☐ 孤立系と閉じた系での状態の変化の向きが理解できた．

1 温度と熱 → 2 熱と仕事 → 3 熱力学第 1 法則 → 4 熱力学第 2 法則 → 5 エントロピーの導入 → 6 利用可能なエネルギー → 7 熱力学の展開 → 8 非平衡現象 → **9 熱力学から統計物理学へ**

9 熱力学から統計物理学へ
―マクロとミクロをつなぐ―

　熱力学は巨視的（マクロ）な系の状態を問題にする．「巨視的」というのは非常に多数の微視的（ミクロ）な原子・分子から成るということで，「非常に多数」とはアボガドロ数 $N_A \cong 6.022 \times 10^{23}$ ほどだと考えておけばよい．原子・分子がこのようにたくさん集まると，たくさんあるということから，物質の質的に違う特徴的な存在の仕方が新たに現れる．例えば水分子についていうと，バラバラの状態で空間を飛び回っている状態は水蒸気であり，このような気体の状態を気相という．水分子が凝集してひとかたまりであるが依然として流動的な液体状態が水であり，この状態は一般には液相という．水を冷却すると固体の氷となり，この状態を固相という．これらのことは，潜熱や相平衡などに関連してこれまでに何度か記してきた．

　気相・液相・固相という物質の「相」（状態）は，原子・分子が非常にたくさん集まって初めて現れる．同様に，系全体を熱力学的に特徴付ける，巨視的な物質の物理量としての温度 T, 体積 V, 圧力 p, エントロピー S なども，系の中に非常に多くの原子・分子があって初めて定義される．

　熱力学とは，上に記したような物質の巨視的な存在の仕方や系全体を特徴付ける物理量の間の関係を調べる，科学の一体系である．そして，その体系の根幹を成すのが熱力学第 1 法則と第 2 法則である．それを基礎にして数学的関係式を使って導かれる熱力学関係式は，熱平衡系と見なされる系に対しては厳密にかつ普遍的に成り立つと考えてよい．

　ところで，水分子が非常にたくさんあって 1 気圧の下で温度が 0℃ と 100℃ の間では水という液相が実現することは常識であるが，これは熱力学では決

して説明できない．それどころか，理想気体の状態方程式でさえ，熱力学だけの範囲内では導かれないのである．その理由は，熱力学が巨視的な物理量だけで作り上げられた体系なので，それらの相互関係しか議論できないからである．それでも，水や鉄など具体的な物質の熱的な振舞いを実用的に知りたいのであれば，最小限必要なデータを実験によって求めるか，すでにある測定データを使って，熱力学を展開すればよい．

　この熱力学の重大な限界を理論的に克服するためには，例えば水について言えば，微視的な水分子の振舞いを基礎にして，水分子がたくさん集まったときの巨視的な状態を調べなければならない．このとき，微視的な原子・分子の振舞いは古典力学または量子力学によって考察し，それらがたくさん集まったときの法則は確率・統計の理論を使って調べる．このようにして水分子 N 個（アボガドロ数程度）の集団のヘルムホルツの自由エネルギー F が求められたとしよう．すると後は熱力学によって水分子の集団の状態方程式や水蒸気（気相），水（液相），氷（固相）がどのような状況で現れるかがすべてわかる．

　このように，微視的（ミクロ）な原子・分子の世界の力学法則から出発して，確率・統計の理論を使い，非常に多数の原子・分子から成る巨視的（マクロ）な世界の法則性である熱力学を導こうとする学問体系を**統計物理学**という．この意味で統計物理学はミクロとマクロをつなぐ役割を果たす．これも本書の範囲を超えるので「あとがき」に適当な参考書を挙げておく．

付　　録

付録 A　クラウジウスの原理とトムソンの原理の等価性

　クラウジウスの原理とトムソンの原理は一見違った形で表現されているが，ともに熱の流れの不可逆性を主張する．したがって，両者は等価である．このことを見ておこう．

（1）　トムソンの原理 → クラウジウスの原理

　二つの主張 A と B があって，A が成立するなら B も成立することを，簡略に A→B と記すことにしよう．この A→B を証明するより，しばしば「B が成立しないなら，A も成立しない（これを $\bar{\mathrm{B}} \to \bar{\mathrm{A}}$ と記す）」ことを証明する方が容易な場合がある．これを逆の対偶という．A→B と $\bar{\mathrm{B}} \to \bar{\mathrm{A}}$ が等価であることを図 A.1 で説明しよう．

　この図では A が成立することを茶色の領域で，B の成立は茶色と灰色の領域で表されている．したがって，A が B に含まれていることで A→B を示していることは明らかであろう．また，$\bar{\mathrm{A}}$ は A の外側の領域であり，$\bar{\mathrm{B}}$ は B の外側の領域ということになる．そうすると，領域 B の外側（$\bar{\mathrm{B}}$）は領域 A の外側（$\bar{\mathrm{A}}$）に含まれ，$\bar{\mathrm{B}} \to \bar{\mathrm{A}}$ は必然的ということになる．こうして，逆の対偶である A→B と $\bar{\mathrm{B}} \to \bar{\mathrm{A}}$ は等価であることがわかる．

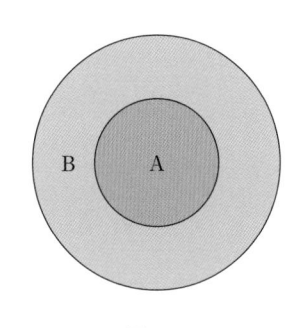

図 A.1

　私たちの問題について言えば，「トムソンの原理が成立するなら，クラウジウスの原理も成立する」ことを証明する代りに「クラウジウスの原理が成立しないなら，トムソンの原理も成立しない」ことを証明すればよい．

　クラウジウスの原理が成立しないと仮定するので，図 A.2 のように，まず（i）低

温熱源から高温熱源に熱量 Q_2 を移す（クラウジウスの原理の否定）．次に，(ii) 高温熱源から熱量 $Q_1 + Q_2$ を取り出し，カルノー機関 C によって外に仕事 $W = Q_1$ をして，低温熱源に熱量 Q_2 を放出する．以上の 1 サイクルの結果を見ると，低温熱源の熱量の出入りは $Q_2 - Q_2 = 0$ であり，高温熱源からの熱量の取り出しは $(Q_1 + Q_2) - Q_2 = Q_1 (= W)$ である．

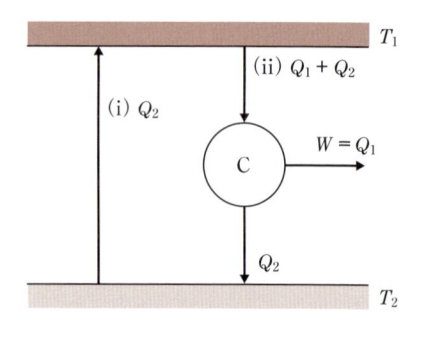

図 A.2

すなわち，この場合の 1 サイクルの間に高温熱源だけから熱量 Q_1 を取り出し，それをすべて仕事 W に変換している．これはトムソンの原理を否定しており，逆の対偶が証明されたことになる．こうして，トムソンの原理 → クラウジウスの原理が証明された．

（2） クラウジウスの原理 → トムソンの原理

次に，クラウジウスの原理からトムソンの原理を導く．いま，トムソンの原理を否定する機関 $\bar{\mathrm{T}}$ があると仮定しよう．すなわち，$\bar{\mathrm{T}}$ は高温熱源から熱量 Q を吸収し，それをすべて仕事 W に変換する（$Q = W$）．この機関 $\bar{\mathrm{T}}$ にカルノー機関 C を図 A.3 のように結合し，機関 $\bar{\mathrm{T}}$ からの仕事 W を使って機関 C を逆運転する．

ここで $\bar{\mathrm{T}} + \mathrm{C}$ を一つの機関と見なすと，これが結果として 1 サイクルの間にするのは，図 A.3 より，低温熱源から熱量 Q_2 をくみ出して高温熱源に熱量 $Q_1 - Q$ を放出することである．こうして，この結合機関 $\bar{\mathrm{T}} + \mathrm{C}$ の状態は 1 サイクルの後に完全に元に戻る．ところで機関 $\bar{\mathrm{T}}$ と C でのエネルギー保存則から，$Q = W$，$Q_1 = W + Q_2$ なので，高温熱源に放出された熱量は $Q_1 - Q = Q_2$ である．すなわち，結合機関 $\bar{\mathrm{T}} + \mathrm{C}$ は他に何の

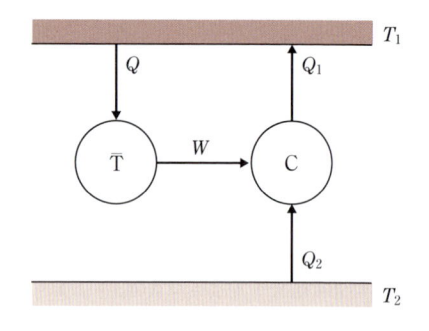

図 A.3

変化ももたらすことなく，熱量 Q_2 を低温熱源から高温熱源に移したことになり，クラウジウスの原理に反する．こうして，機関 $\bar{\mathrm{T}}$ はあり得ず，クラウジウスの原理からトムソンの原理が導かれた．

以上，(1)と(2)により，クラウジウスの原理とトムソンの原理は等価であって，両者の表現の違いは見掛けだけのことであることがわかる．

付録B　ヤコビ行列式とその性質

熱力学では，ある変数を別の変数に変換することが非常にしばしば行なわれる．その際に便利な数学的手法をここに整理しておく．計算は込み入っているが，2行2列の行列式の簡単な計算の仕方さえわかれば，後は四則演算だけである．熱力学での応用の広さ，便利さを考えれば，この程度の計算は一度は経験しておいた方がよいであろう．

まず，二つの量 f, g が別の二つの量 x, y の関数 $f(x,y), g(x,y)$ と見なされるとしよう．これらに対して次の量を定義する：

$$\frac{\partial(f,g)}{\partial(x,y)} \equiv \begin{vmatrix} \left(\frac{\partial f}{\partial x}\right)_y & \left(\frac{\partial f}{\partial y}\right)_x \\ \left(\frac{\partial g}{\partial x}\right)_y & \left(\frac{\partial g}{\partial y}\right)_x \end{vmatrix} \tag{B.1}$$

右辺は行列式であり，このように定義された左辺のことを**ヤコビ行列式**または**ヤコビアン**とよぶ．左辺で f と g の順序を換えたり，x と y の順序を換えると，右辺の行列式で行や列を取り換えることに当るので，行列式の性質より符号が変わる：

$$\frac{\partial(g,f)}{\partial(x,y)} = -\frac{\partial(f,g)}{\partial(x,y)}, \qquad \frac{\partial(f,g)}{\partial(y,x)} = -\frac{\partial(f,g)}{\partial(x,y)} \tag{B.2}$$

また，(B.1)の左辺で $g = y$ とおくと，$(\partial y/\partial x)_y = 0, (\partial y/\partial y)_x = 1$ だから，(B.1)の右辺は $(\partial f/\partial x)_y$ となり，結局，次の第1式

$$\frac{\partial(f,y)}{\partial(x,y)} = \left(\frac{\partial f}{\partial x}\right)_y, \qquad \frac{\partial(x,g)}{\partial(x,y)} = \left(\frac{\partial g}{\partial y}\right)_x \tag{B.3}$$

が成り立つ。第2式も同様に導かれることは明らかであろう。

次に，f と g が ξ, η の関数 $f(\xi,\eta)$, $g(\xi,\eta)$ と見なされ，ξ と η が x, y の関数 $\xi(x,y)$, $\eta(x,y)$ と見なされる場合を考える。このような場合も変数変換の際によく出くわすからである。このとき，f と g の微小変化 df, dg は (3.27) より

$$df = \left(\frac{\partial f}{\partial \xi}\right)_\eta d\xi + \left(\frac{\partial f}{\partial \eta}\right)_\xi d\eta, \qquad dg = \left(\frac{\partial g}{\partial \xi}\right)_\eta d\xi + \left(\frac{\partial g}{\partial \eta}\right)_\xi d\eta \qquad (\text{B.4})$$

であり，ξ と η の微小変化 $d\xi$, $d\eta$ も同様に，

$$d\xi = \left(\frac{\partial \xi}{\partial x}\right)_y dx + \left(\frac{\partial \xi}{\partial y}\right)_x dy, \qquad d\eta = \left(\frac{\partial \eta}{\partial x}\right)_y dx + \left(\frac{\partial \eta}{\partial y}\right)_x dy \qquad (\text{B.5})$$

と表される。ここで，(B.4)，(B.5) の偏微分がこれからの計算に煩わしいので，

$$\left.\begin{array}{llll} \left(\dfrac{\partial f}{\partial \xi}\right)_\eta = A, & \left(\dfrac{\partial f}{\partial \eta}\right)_\xi = B, & \left(\dfrac{\partial g}{\partial \xi}\right)_\eta = C, & \left(\dfrac{\partial g}{\partial \eta}\right)_\xi = D \\[2mm] \left(\dfrac{\partial \xi}{\partial x}\right)_y = \alpha, & \left(\dfrac{\partial \xi}{\partial y}\right)_x = \beta, & \left(\dfrac{\partial \eta}{\partial x}\right)_y = \gamma, & \left(\dfrac{\partial \eta}{\partial y}\right)_x = \delta \end{array}\right\} \qquad (\text{B.6})$$

とおく。これを使うと，(B.4)，(B.5) は

$$df = A\,d\xi + B\,d\eta, \qquad dg = C\,d\xi + D\,d\eta \qquad (\text{B.7})$$

$$d\xi = \alpha\,dx + \beta\,dy, \qquad d\eta = \gamma\,dx + \delta\,dy \qquad (\text{B.8})$$

と簡潔な形に表される。

こうしておいて，(B.8) を (B.7) に代入すると，

$$df = A(\alpha\,dx + \beta\,dy) + B(\gamma\,dx + \delta\,dy) = (A\alpha + B\gamma)\,dx + (A\beta + B\delta)\,dy \qquad (\text{B.9})$$

$$dg = C(\alpha\,dx + \beta\,dy) + D(\gamma\,dx + \delta\,dy) = (C\alpha + D\gamma)\,dx + (C\beta + D\delta)\,dy \qquad (\text{B.10})$$

となる。他方，f, g は x, y の関数 $f(x,y)$, $g(x,y)$ と見なすことができるので，

$$df = \left(\frac{\partial f}{\partial x}\right)_y dx + \left(\frac{\partial f}{\partial y}\right)_x dy, \qquad dg = \left(\frac{\partial g}{\partial x}\right)_y dx + \left(\frac{\partial g}{\partial y}\right)_x dy \qquad (\text{B.11})$$

とも表される。これと (B.9)，(B.10) との比較から

付録 B　ヤコビ行列式とその性質

$$\left.\begin{array}{ll}\left(\dfrac{\partial f}{\partial x}\right)_y = A\alpha + B\gamma, & \left(\dfrac{\partial f}{\partial y}\right)_x = A\beta + B\delta \\[2mm] \left(\dfrac{\partial g}{\partial x}\right)_y = C\alpha + D\gamma, & \left(\dfrac{\partial g}{\partial y}\right)_x = C\beta + D\delta\end{array}\right\} \quad (\text{B}.12)$$

が得られる．

ここで (B.12) を使って，この場合のヤコビ行列 (B.1) を具体的に計算してみよう：

$$\begin{aligned}\dfrac{\partial(f,g)}{\partial(x,y)} &= \begin{vmatrix}\left(\dfrac{\partial f}{\partial x}\right)_y & \left(\dfrac{\partial f}{\partial y}\right)_x \\[2mm] \left(\dfrac{\partial g}{\partial x}\right)_y & \left(\dfrac{\partial g}{\partial y}\right)_x\end{vmatrix} = \left(\dfrac{\partial f}{\partial x}\right)_y\left(\dfrac{\partial g}{\partial y}\right)_x - \left(\dfrac{\partial f}{\partial y}\right)_x\left(\dfrac{\partial g}{\partial x}\right)_y \\ &= (A\alpha + B\gamma)(C\beta + D\delta) - (A\beta + B\delta)(C\alpha + D\gamma) \\ &= (AD - BC)(\alpha\delta - \beta\gamma) \end{aligned} \quad (\text{B}.13)$$

同様にして，ヤコビ行列の定義 (B.1) と (B.6) を使うと

$$\dfrac{\partial(f,g)}{\partial(\xi,\eta)} = \begin{vmatrix}A & B \\ C & D\end{vmatrix} = AD - BC, \qquad \dfrac{\partial(\xi,\eta)}{\partial(x,y)} = \begin{vmatrix}\alpha & \beta \\ \gamma & \delta\end{vmatrix} = \alpha\delta - \beta\gamma$$

なので，その積は (B.13) に等しい．すなわち

$$\dfrac{\partial(f,g)}{\partial(\xi,\eta)}\dfrac{\partial(\xi,\eta)}{\partial(x,y)} = \dfrac{\partial(f,g)}{\partial(x,y)} \quad (\text{B}.14)$$

という重要な関係が成り立つことがわかる．また，(B.14) でまず f, g をそれぞれ x, y とおくと，右辺は 1 である．そうしておいて，改めて ξ, η をそれぞれ f, g とおくと，

$$\dfrac{\partial(f,g)}{\partial(x,y)} = \dfrac{1}{\dfrac{\partial(x,y)}{\partial(f,g)}} \quad (\text{B}.15)$$

が得られる．

(B.14) と (B.15) は，ヤコビ行列式 (B.1) の左辺があたかも分数であると見なして，その積や商の計算をしてよいことを意味している．したがって，例えば 3 変

数 x, y, z がちょうど状態方程式 (1.10) の温度 T, 体積 V, 圧力 p のように関係し合っているとき, (B.3) や (B.14), (B.15) を使うと

$$\left(\frac{\partial x}{\partial y}\right)_z \left(\frac{\partial y}{\partial z}\right)_x \left(\frac{\partial z}{\partial x}\right)_y = -1 \tag{B.16}$$

あるいは

$$\left(\frac{\partial x}{\partial y}\right)_z = -\frac{\left(\frac{\partial z}{\partial y}\right)_x}{\left(\frac{\partial z}{\partial x}\right)_y} \tag{B.17}$$

のような関係式が容易に導かれる.

具体的な例として, ジュール-トムソン係数 (7.32) を以上の公式を使って計算してみよう. (7.32) の左辺を (B.2), (B.3), (B.14), (B.15) を使って変形すると,

$$\left(\frac{\partial T}{\partial p}\right)_H = \frac{\partial(T, H)}{\partial(p, H)} = \frac{\frac{\partial(T, H)}{\partial(p, T)}}{\frac{\partial(p, H)}{\partial(p, T)}} = \frac{-\left(\frac{\partial H}{\partial p}\right)_T}{\left(\frac{\partial H}{\partial T}\right)_p} = -\frac{1}{C_p}\left(\frac{\partial H}{\partial p}\right)_T \tag{B.18}$$

である. ここで上式最後の等号には (7.30) を使った. ただし, (B.17) を使えば, 直接第三の等号に行くことを注意しておく.

次に, (7.24) の両辺を, T を一定に保って p で微分することにより

$$\left(\frac{\partial H}{\partial p}\right)_T = V + T\left(\frac{\partial S}{\partial p}\right)_T$$

が得られる. この右辺にマクスウェルの関係式の一つ (7.39) を代入すると,

$$\left(\frac{\partial H}{\partial p}\right)_T = V - T\left(\frac{\partial V}{\partial T}\right)_p \tag{B.19}$$

となる. これを (B.18) に代入して

$$\left(\frac{\partial T}{\partial p}\right)_H = \frac{1}{C_p}\left\{T\left(\frac{\partial V}{\partial T}\right)_p - V\right\} \tag{B.20}$$

が得られる. これが (7.32) に示したジュール-トムソン係数の熱力学的表式である.

あとがき

　本書は，理工系学部の1，2年生が初めて熱力学を学ぶ際の教科書として書いたものである．熱力学はわかりにくいとよく言われる．筆者自身，学部1，2年生で初めて熱力学を勉強し始めたころ，その難しさに辟易したことをよく覚えている．エントロピーを与えられた定義に従って計算することはできる．しかし，計算しているエントロピーの実感が一向にわかない．ヘルムホルツの自由エネルギーも定義に従って数学的になんとか変形できる．実際にはその数学的変形も大変難渋したのであるが．この場合も問題は，何のためにこんな量を導入するのか，なぜ必要なのかがまったくわからず，闇の中にいるようであったことを鮮明に覚えている．

　そんな惨めな状態のまま学部3年生になったある日たまたま，学科の図書室で正確な書名は忘れたが，かなり古ぼけたプランクの「熱力学」が目につき，手に取って眺めた．確か戦前の翻訳出版ではなかったかと思う．例によって数式が延々と続き，とても読む気がしないものであったが，ただヘルムホルツの自由エネルギーの説明が本書で強調したような形でなされており，初めて自由エネルギーの「自由」の意味に思い至ったことがいまでもはっきりと記憶にある．

　そんなお粗末な個人的経験があり，また長年，私大の理工学部において教育経験も積んだおかげで，初学者にはどこがわからないのか，どこでつまずくことが多いのかはよくわかっているつもりである．それを踏まえて，本書ではなぜ熱力学を学ぶのかから始まって，どのように考えるのかを，初学者にとっつきやすいように，わかりやすく説明することを心がけた．理工系学部の学生を対象に書いたので，少々の数学は避けられない．しかし，数学にとらわれすぎたりおぼれることのないように，随所で戒めたつもりである．

あとがき

　熱力学をどのように考えたらよいかをわかりやすく書くことに重点をおいたために，熱力学の応用例を十分に取り上げられなかったことは大いに反省している．また，現代では熱力学より統計物理学に重点が移っているようにも見受けられる．さらに，現実の自然界を眺めると，本書で主として扱った平衡系の熱力学的現象はまれであって，ほとんど非平衡熱力学的な現象ばかりである．統計物理学や非平衡熱力学については，これらを対象とする教科書があり，是非ともそれらを参照してほしいと思う．

　だからと言って，決して平衡系の熱力学の重要性が減っているわけではないことは強調しておかなければならない．理工系学部でこれから学ぶいろいろな分野だけでなく，実社会に出た後の技術の世界でも，日常の家庭生活においてさえ，誰もが熱が絡むいろいろな現象に出会い，それと格闘することになるはずである．本書で取り上げた平衡系の熱力学はそれらの理解のための基礎であり，出発点だからである．

　以下に筆者の目にとまったいくつかの教科書を列挙してみよう．
　＊戸田盛和：「熱・統計力学」（物理入門コース，岩波書店）
　　　熱力学の基礎をコンパクトにまとめてあるだけでなく，統計物理学への入門書でもある．
　＊三宅 哲：「熱力学」（裳華房）
　　　本書より進んだ熱力学の教科書であり，本書で取り上げなかった応用例も多い．
　＊久保亮五 編：「大学演習 熱学・統計力学（修訂版）」（裳華房）
　　　熱力学，統計物理学で出会う公式と問題を集大成したハンドブックのような，高級な著書．
　＊Ｉ．プリゴジン，Ｄ．コンデプディ：「現代熱力学—熱機関から散逸構造へ—」（朝倉書店）
　　　ノーベル賞学者プリゴジンらによる本格的な熱力学の教科書で，非平

衡熱力学も含まれている．

統計物理学
＊岡部 豊：「統計力学」（裳華房テキストシリーズ − 物理学）
　　統計物理学をコンパクトにまとめた入門書．
＊小田垣 孝「統計力学」（裳華房）
　　前書より進んだ統計物理学の教科書で，本文で取り上げられたいろいろな具体例についてインタラクティブに動画体験できる．

　非平衡熱力学ではこれまでいくつかの教科書にめぐりあったが，多くは絶版のようで，現時点で目についたのはプリゴジンらの前掲書だけで，その第4部には非平衡熱力学がまとめられている．また，第5部には非平衡系で生じる興味深い現象として散逸構造が紹介されているユニークな著書である．

問 題 解 答

すべての問題はその前にある例題か，直前の本文の内容に関係したものばかりである．したがって，もしわからなかったり間違えたりした場合には，関連した例題や本文の説明に戻って，じっくりと考え直してみるとよい．

第1章

[問題1] （1.6）より，$T = 20 + 273.15 = 293.15$ [K]．

[問題2] 約6000 K．理科年表（国立天文台 編）を見ると，いろいろな炎や恒星の表面温度などが出ている．

[問題3] 最終の温度を t [℃] とする．初め冷たかった水が得た熱量は
$$1\,[\text{cal/g·K}] \times 100\,[\text{g}] \times (t - 20)\,[\text{K}] = 100(t - 20)\,[\text{cal}]$$
であり，初め熱かった水が失った熱量は
$$1\,[\text{cal/g·K}] \times 200\,[\text{g}] \times (80 - t)\,[\text{K}] = 200(80 - t)\,[\text{cal}]$$
冷たかった水が得た熱量はすべて熱かった水からくるので，上の2式は等しくなければならない；$100(t - 20) = 200(80 - t)$．∴ $t = 60$ [℃]．

☞ 直前の例題2に戻って考えよ．

[問題4] -10℃の氷50 gを0℃の氷にするのに必要な熱量は $0.5\,[\text{cal/g·K}] \times 50\,[\text{g}] \times \{0 - (-10)\}\,[\text{K}] = 250\,[\text{cal}]$．それを0℃の水にするのに必要な熱量は $80\,[\text{cal/g}] \times 50\,[\text{g}] = 4000\,[\text{cal}]$．さらにそれを10℃の水にするのに必要な熱量は $1\,[\text{cal/g·K}] \times 50\,[\text{g}] \times (10 - 0)\,[\text{K}] = 500\,[\text{cal}]$．合計4750 calの熱量が必要となる．

☞ 直前の例題3に戻って考えよ．

[問題5] 80℃の水500 gを100℃の水にするのに必要な熱量は $1\,[\text{cal/g·K}] \times 500\,[\text{g}] \times (100 - 80)\,[\text{K}] = 10000\,[\text{cal}]$．それを100℃の水蒸気にするのに必要な熱量は $540\,[\text{cal/g}] \times 500\,[\text{g}] = 270000\,[\text{cal}]$．合計280000 calの熱量が必要となる．

☞ 直前の例題4に戻って考えよ．

[問題6] $T \cong 273$ [K]，$p = 1$ [atm] $= 1.013 \times 10^5$ [Pa $=$ N/m^2]，$n = 1$ [mol]，を（1.10）に代入して
$$V = \frac{nRT}{p} = \frac{1 \times 8.31 \times 273}{1.013 \times 10^5}\left[\frac{\text{mol}\{\text{J/(mol·K)}\}\text{K}}{(\text{N/m}^2)}\right] = 2.24 \times 10^{-2}\,[\text{m}^3] = 22.4\,[\text{L}]$$

☞ 直前の例題5に戻って考えよ．

第 3 章

[問題7]　(1.13) より
$$p + \frac{n^2 a}{V^2} = \frac{nRT}{V-nb}. \qquad \therefore \quad p = \frac{nRT}{V-nb} - \frac{n^2 a}{V^2}$$

[問題8]　(1.10) より
$$V = \frac{nRT}{p}, \qquad T = \frac{pV}{nR}$$

第 2 章

[問題1]　加えた仕事 W を cal に換算すると，$W = 100/4.2 = 23.8$ [cal]．水に加えた合計のエネルギーは 123.8 cal．これによって 100 g の水は約 1.24 K だけ温度が上昇するので，水温は 11.24℃ となる．

☞　直前の例題1に戻って考えよ．

第 3 章

[問題1]　このときの圧力は $p = 2$ [atm] $= 2 \times 1.013 \times 10^5$ [Pa = N/m^2]．例題1の結果より，
$$W = 2 \times 1.013 \times 10^5 \times (100 - 95) \, [(\text{N/m}^2)\text{m}^3] = 1.013 \times 10^6 \, [\text{J}]$$

☞　直前の例題1に戻って考えよ．

[問題2]　(3.8) より
$$W' = 2 \times 8.31 \times (30-20) \left[\text{mol} \cdot \frac{\text{J}}{\text{mol} \cdot \text{K}} \cdot \text{K}\right] = 166 \, [\text{J}]$$

☞　直前の本文に戻って考えよ．

[問題3]　(3.9) より
$$W' = 5 \times 8.31 \times (273+27) \times \ln 2 \left[\text{mol} \cdot \frac{\text{J}}{\text{mol} \cdot \text{K}} \cdot \text{K}\right] = 8.64 \times 10^3 \, [\text{J}]$$

☞　直前の本文に戻って考えよ．

[問題4]　圧力 p が定数と見なされるので，それを微分記号 d の中に入れて，
$$\delta W = -p\,dV = d(-pV), \qquad \delta Q = dE + p\,dV = dE + d(pV) = d(E+pV)$$
よって，δW, δQ はそれぞれ，状態関数 $-pV$, $E + pV$ の微分である．

☞　直前の本文に戻って考えよ．

[問題5]　(3.13) より，
$$\Delta E = 10 \times J \left[\text{cal} \cdot \frac{\text{J}}{\text{cal}}\right] = 42 \, [\text{J}]$$

☞　直前の本文に戻って考えよ．

[問題6]　(3.15) と (3.16) より，

$$\Delta H = 100 \times J\left[\mathrm{cal}\cdot\frac{\mathrm{J}}{\mathrm{cal}}\right] = 420\,[\mathrm{J}]$$

☞ 直前の本文に戻って考えよ.

[問題7] 空気の定圧モル比熱は

$$C_p = 29 \times 1.0 \left[\frac{\mathrm{g}}{\mathrm{mol}}\cdot\frac{\mathrm{J}}{\mathrm{g}\cdot\mathrm{K}} = \frac{\mathrm{J}}{\mathrm{mol}\cdot\mathrm{K}}\right]$$

上の例題の結果より,

$$Q = (a-1)nC_p T$$
$$= (2-1) \times 5 \times 29 \times (273+27)\left[\mathrm{mol}\cdot\frac{\mathrm{J}}{\mathrm{mol}\cdot\mathrm{K}}\cdot\mathrm{K}\right]$$
$$= 4.35 \times 10^4\,[\mathrm{J}] = 1.04 \times 10^4\,[\mathrm{cal}]$$

☞ 直前の例題3に戻って考えよ.

[問題8] (3.40) より,

$$\left(\frac{\partial E}{\partial V}\right)_T = \frac{C_p - C_V}{\beta V} - p$$

となる. これと (3.33) を (3.30) に代入すれば与式が得られる.

[問題9] 初めの温度が $T_0 = 273 + 27 = 300\,[\mathrm{K}]$ なので,温度 T は体積に比例して上昇し,450 K になる. そのために必要な熱量は

$$Q = nC_p\Delta T = 1 \times 3.5 \times 8.3 \times (450-300)\left[\mathrm{mol}\cdot\frac{\mathrm{J}}{\mathrm{mol}\cdot\mathrm{K}}\cdot\mathrm{K}\right] = 4.36 \times 10^3\,[\mathrm{J}]$$

圧力を p,初めの体積を V_0 とすると,状態方程式は $pV_0 = RT_0$. 外にした仕事は $W' = p\Delta V = p(1.5V_0 - V_0) = 0.5 \times pV_0 = 0.5 \times RT_0 = 0.5 \times 8.3 \times 300 = 1.25 \times 10^3\,[\mathrm{J}]$. したがって,比は

$$\frac{W'}{Q} = 0.29$$

☞ 例題3と直前の例題4に戻って考えよ.

[問題10] 断熱過程で (3.11) は $dE = -p\,dV$. これに (3.43) を代入して整理すると,$C_V dT + p\,dV = 0$. これに理想気体の状態方程式 $pV = nRT$ を代入して $C_V dT + (nRT/V)dV = 0$. 両辺を T で割って $C_V(dT/T) + nR(dV/V) = 0$. これに (3.42) を代入して両辺を C_V で割り,(3.46) を代入すると,(3.45) が得られる.

次に,それを積分公式 $\int^x \frac{dx'}{x'} = \ln x$ を使って積分すると,$\ln T + (\gamma-1)\ln V = \ln T + \ln V^{\gamma-1} = \ln(TV^{\gamma-1}) = c$ (c は積分定数). これより $c = \ln k$ として (3.47) が得られる.

[問題 11]　(3.47) の両辺に nR を掛けると，$nRTV^{\gamma-1} = nRk$．左辺で状態方程式 $pV = nRT$ を使うと，$pVV^{\gamma-1} = pV^{\gamma} = nRk$．$nRk$ は定数なので，改めて $k' = nRk$ とおけば (3.48) が得られる．

[問題 12]　マイヤーの関係式 (3.42) より定圧モル比熱が $C_p = C_V + R = 3.5R$．∴ $\gamma = C_p/C_V = 1.4$ となる．

　また，理想気体の初めと終わりの温度，体積を (T_A, V_A)，(T_B, V_B) とすると，(3.47) より $T_A V_A^{\gamma-1} = T_B V_B^{\gamma-1}$．よって，体積を 2 倍にすると，$T_B = (V_A/V_B)^{\gamma-1} T_A = (1/2)^{1.4-1} \times 300 = 2^{-0.4} \times 300 = 227 \,[\mathrm{K}]$ となる．

☞　3.7 節（2）を読み直して考えよ．

[問題 13]　(3.44) より　$E_A = C_V T_A + E_0$，$E_B = C_V T_B + E_0$．∴ $E_A - E_B = C_V(T_A - T_B)$．(3.49) より $W' = E_A - E_B$．これは，理想気体が外に仕事をするためには，その内部エネルギーを使うことを意味する．

☞　3.7 節（1）を読み直して (3.44) の意味を考え，さらに例題 5 を解いてみよ．

[問題 14]　熱量 Q がすべて外部への仕事 W' に変わるので，(3.50) より

$$Q = W' = nRT \ln \frac{V_B}{V_A} = 5 \times 8.3 \times 283 \times \ln 2 = 8.14 \times 10^3 \,[\mathrm{J}]$$

☞　直前の例題 6 に戻って考えよ．

[問題 15]　理想気体の状態方程式は $pV = nRT$ だから，$p = nRT/V$．∴ $dp/dV = -nRT/V^2$．したがって，点 A での等温曲線の傾きは $(dp/dV)_{\mathrm{is}} = -nRT/V_0^2$（添字の is は等温曲線を表す）．点 A での状態方程式より $p_0 V_0 = nRT$ だから，これを前式右辺に代入して $(dp/dV)_{\mathrm{is}} = -p_0/V_0$．断熱曲線は (3.44) より $p = k'V^{-\gamma}$ であり，これを微分して $(dp/dV)_{\mathrm{ad}} = -\gamma k' V^{-\gamma-1}$（添字の ad は断熱曲線を表す）．断熱曲線は点 A で $p_0 V_0^{\gamma} = k'$ を満たすので，これを前式の右辺に代入して $(dp/dV)_{\mathrm{ad}} = -\gamma k' V_0^{-\gamma-1} = -\gamma p_0 V_0^{\gamma} V_0^{-\gamma-1} = -\gamma p_0/V_0$．したがって，両者の比は

$$\frac{\left(\dfrac{dp}{dV}\right)_{\mathrm{ad}}}{\left(\dfrac{dp}{dV}\right)_{\mathrm{is}}} = \gamma \ (> 1)$$

これは確かに 1 より大きく，断熱曲線の方が等温曲線より傾きがきついことを示している．

第 4 章

[問題 1]　温度 T_1 の理想気体の等温膨張過程なので，外にする仕事は受け取る熱

量に等しく，(3.50) より
$$W_1 = Q_1 = \int_{V_A}^{V_B} p\, dV = nRT_1 \int_{V_A}^{V_B} \frac{dV}{V} = nRT_1 \ln \frac{V_B}{V_A}$$

☞ 第3章の例題6に戻って考えよ．

[問題2] 断熱膨張による仕事であり，初めの状態 B の温度が T_1，終わりの状態 C の温度が T_2 なので，(3.49) より
$$W_2 = \frac{nR}{\gamma - 1}(T_1 - T_2) = C_V(T_1 - T_2)$$

☞ 第3章の例題5に戻って考えよ．

[問題3] 断熱過程では (3.47) より $TV^{\gamma-1} = k$（一定）が成り立つので，状態 B と C の間に $T_1 V_B^{\gamma-1} = T_2 V_C^{\gamma-1}$ の関係が成り立ち，これを V_C について解いて，
$$V_C = \left(\frac{T_1}{T_2}\right)^{\frac{1}{\gamma-1}} V_B$$

☞ 3.7節（2）に戻って考えよ．

[問題4] 温度 T_1 の理想気体の等温過程なので，(3.50) より
$$W_3 = \int_{V_C}^{V_D} p\, dV = nRT_2 \int_{V_C}^{V_D} \frac{dV}{V} = nRT_2 \ln \frac{V_D}{V_C} = -nRT_2 \ln \frac{V_C}{V_D}$$

圧縮過程なので，$V_C > V_D$．よって $\ln(V_C/V_D) > 0$ であり，$W_3 < 0$．このとき等温過程で内部エネルギーに変化はないので，系が外からされた仕事の分だけ外に熱量を出さなければならない．よって，$Q_2 = |W_3|$．

☞ 第3章の例題6に戻って考えよ．

[問題5] 断熱過程による仕事であり，初めの状態 D の温度が T_2，終わりの状態 A の温度が T_1 なので，問題2とちょうど逆で，(3.49) より $W_4 = C_V(T_2 - T_1) = -C_V(T_1 - T_2) = -W_2$．

☞ 問題2に戻って考えよ．

[問題6] 問題3と同様で，断熱過程では (3.43) より $TV^{\gamma-1} = k$（一定）が成り立つ．よって，状態 D と A の間に $T_2 V_D^{\gamma-1} = T_1 V_A^{\gamma-1}$ の関係が成り立ち，これを V_D について解いて，
$$V_D = \left(\frac{T_1}{T_2}\right)^{\frac{1}{\gamma-1}} V_A$$

☞ 問題3に戻って考えよ．

[問題7] 問題3と問題6の結果より V_C と V_D の比をとると，
$$\frac{V_C}{V_D} = \frac{V_B}{V_A}$$

となり，与式が得られる．

[問題 8]　$W = W_1 + W_2 + W_3 + W_4$ で問題 5 の結果から $W_2 + W_4 = 0$. よって，$W = W_1 + W_3$. これに問題 1 と問題 4 の結果を代入して，

$$W = nRT_1 \ln \frac{V_B}{V_A} - nRT_2 \ln \frac{V_C}{V_D}$$

さらに問題 7 の結果を使うと，

$$W = nR(T_1 - T_2) \ln \frac{V_B}{V_A}$$

[問題 9]　カルノー・サイクルの 1 周積分

$$\oint p\, dV = \int_{A \to B} p\, dV + \int_{B \to C} p\, dV + \int_{C \to D} p\, dV + \int_{D \to A} p\, dV$$

$$= \int_{A \to B} p\, dV + \int_{B \to C} p\, dV - \int_{D \to C} p\, dV - \int_{A \to D} p\, dV$$

の各項は本文でも記したように，各段階での曲線と V 軸との間の面積を表す．したがって，上の最後の結果は第 1, 2 項で積分した面積から第 3, 4 項で積分した面積を引くことになる．すなわち，1 周積分は図 4.1 の 1 サイクル A → B → C → D → A の曲線が囲む面積に等しい．

☞　積分と面積の関係がわからない場合，もう一度，図 3.3 及びその説明に戻って考えてみよ．

[問題 10]　エアコンは夏の冷房では室内からより暑い室外に無理やり熱を汲み出している．それに対して冬の暖房では，より寒い室外から室内に熱を取り入れて室内を暖かくしている．

☞　図 4.7 と図 4.8 の説明に戻って考えてみよ．

[問題 11]　(4.22) より

$$\eta_C = 1 - \frac{T_2}{T_1} = 1 - \frac{273 + 20}{273 + 100} = 1 - \frac{293}{373} = 0.21\,(21\%)$$

[問題 12]　この機関の効率は (4.22) より

$$\eta_C = 1 - \frac{T_2}{T_1} = 1 - \frac{293}{573} = \frac{280}{573} = 0.49$$

例題 2 の結果より，$Q_1 = 45 \times 10^3\,[\text{kJ/kg}] \times 10\,[\text{kg}] = 4.5 \times 10^5\,[\text{kJ}]$. $W = \eta_C Q_1 = 0.49 \times 4.5 \times 10^5\,[\text{kJ}] = 2.2 \times 10^5\,[\text{kJ}]$. $Q_2 = Q_1 - W = 2.3 \times 10^5\,[\text{kJ}]$.

☞　直前の例題 2 に戻って考えよ．

[問題 13]　$\eta_C = 1 - T_2/T_1$ より

$$T_1 = \frac{T_2}{1 - \eta_C} = \frac{273}{1 - 0.15} = 321\,[\text{K}]\,(=48℃)$$

この式で $\eta_C = 0.3\,(30\%)$ とすると，

$$T_1 = \frac{273}{1-0.3} = 390 \,[\mathrm{K}]\,(=117℃)$$

第 5 章

[問題 1] (5.3) と (5.4) より,高温熱源からの熱の流入によるエントロピーの増加 ΔS は $\Delta S = Q_1/T_1$. これより,

$$\Delta S = \frac{500}{1000} = 0.5\,[\mathrm{J/K}]$$

また,(5.3) より,

$$Q_2 = \frac{T_2}{T_1}Q_1 = 150\,[\mathrm{J}]$$

☞ 5.1 節の本文を読み直して考えよ.

[問題 2] 例題 2 より

$$\Delta S = C_p \ln \frac{T_\mathrm{B}}{T_\mathrm{A}} = 1\,[\mathrm{cal/(g\cdot K)}] \times 100\,[\mathrm{g}] \times \ln \frac{323}{283} = 13.2\,[\mathrm{cal/K}] = 55.3\,[\mathrm{J/K}]$$

☞ 例題 2 に戻って考えよ.

[問題 3] (5.18) で S_A, S_B を $T = 273\,[\mathrm{K}]$ の氷と水の状態でのエントロピーとおくと,$\Delta S = S_\mathrm{B} - S_\mathrm{A} = Q/T$. 全融解熱は

$$Q = 10\,[\mathrm{g}] \times 80\,[\mathrm{cal/g}] = 800\,[\mathrm{cal}]$$

なので,

$$\Delta S = \frac{800}{273} = 2.93\,[\mathrm{cal/K}] = 12.3\,[\mathrm{J/K}]$$

☞ 式 (5.18) の前後の本文に戻って考えよ.次の問題についても同様.

[問題 4] 問題 3 と同様にして,$T = 373\,[\mathrm{K}]$, 全融解熱は

$$Q = 100\,[\mathrm{g}] \times 539\,[\mathrm{cal/g}] = 53900\,[\mathrm{cal}]$$

なので,

$$\Delta S = \frac{53900}{373} = 145\,[\mathrm{cal/K}] = 605\,[\mathrm{J/K}]$$

第 7 章

[問題 1] (3.27) より $dE = (\partial E/\partial S)_p\, dS + (\partial E/\partial p)_S\, dp$. 体積 V を $V(S,p)$ とおいて,やはり (3.27) より $dV = (\partial V/\partial S)_p\, dS + (\partial V/\partial p)_S\, dp$. これを (7.1) に代入して

$$dE = T\,dS - p\left\{\left(\frac{\partial V}{\partial S}\right)_p dS + \left(\frac{\partial V}{\partial p}\right)_S dp\right\} = \left\{T - \left(\frac{\partial V}{\partial S}\right)_p\right\} dS - p\left(\frac{\partial V}{\partial p}\right)_S dp$$

これと最初の式との比較から
$$\left(\frac{\partial E}{\partial S}\right)_p = T - \left(\frac{\partial V}{\partial S}\right)_p, \qquad \left(\frac{\partial E}{\partial p}\right)_S = -p\left(\frac{\partial V}{\partial p}\right)_S$$

☞ 7.1 節のこの問題の前の本文に戻って考えよ．なぜ (7.3) が成り立つかがわからないときは，もう一度 3.5 節に戻って考えよ．

[問題 2] 系の温度が一定で体積が V から $2V$ に膨張したときのエントロピー変化 ΔS は（膨張しただけなので，モル数 n は変わらない）
$$\Delta S = S(T, 2V) - S(T, V) = nR \ln 2V - nR \ln V = nR \ln 2$$
となり，単なる体積の膨張だけでエントロピーは増加する．これは図 5.9 でのエントロピー変化を定量的に示したことに相当する．

☞ 直前の例題 1 に戻って考えよ．

[問題 3] (7.18) の両辺を，T を固定して V で微分して
$$\left(\frac{\partial S}{\partial V}\right)_T = -\left(\frac{\partial}{\partial V}\left(\frac{\partial F}{\partial T}\right)_V\right)_T = -\left(\frac{\partial}{\partial T}\left(\frac{\partial F}{\partial V}\right)_T\right)_V$$
第 2 の等号では微分の順序を変えた．これに (7.19) を代入して
$$\left(\frac{\partial S}{\partial V}\right)_T = \left(\frac{\partial p}{\partial T}\right)_V$$

☞ (7.7) に戻って，それがどのようにして導かれたかを考えよ．

[問題 4] 理想気体の状態方程式 $pV = nRT$ より $(\partial p/\partial T)_V = nR/V$．これより
$$T\left(\frac{\partial p}{\partial T}\right)_V = \frac{nRT}{V} = p$$
第 2 の等号で状態方程式 $pV = nRT$ を使った．これを (7.22) に代入して
$$\left(\frac{\partial E}{\partial V}\right)_T = 0$$

☞ 直前の本文に戻って考えよ．

[問題 5] (7.23) を微分して $dH = dE + p\,dV + V\,dp$．これに (7.1) を代入して $dH = T\,dS - p\,dV + p\,dV + V\,dp = T\,dS + V\,dp$．

☞ (7.15) に戻ってそれがどのようにして導かれたかを考えよ．

[問題 6] (7.27) の両辺を，S を固定して p で微分して
$$\left(\frac{\partial T}{\partial p}\right)_S = -\left(\frac{\partial}{\partial p}\left(\frac{\partial H}{\partial S}\right)_p\right)_S = -\left(\frac{\partial}{\partial S}\left(\frac{\partial H}{\partial p}\right)_S\right)_p$$
第 2 の等号では微分の順序を変えた．これに (7.28) を代入して
$$\left(\frac{\partial T}{\partial p}\right)_S = \left(\frac{\partial V}{\partial S}\right)_p$$

☞ (7.7) に戻って，それがどのようにして導かれたかを考えよ．

[問題 7] 理想気体の状態方程式 $pV = nRT$ より $(\partial V/\partial T)_p = nR/p$. これより
$$T\left(\frac{\partial V}{\partial T}\right)_p = \frac{nRT}{p} = V$$
第 2 の等号で状態方程式 $pV = nRT$ を使った. これを (7.32) に代入して
$$\left(\frac{\partial T}{\partial p}\right)_H = 0$$

[問題 8] (7.37) の両辺を, T を固定して p で微分して
$$\left(\frac{\partial S}{\partial p}\right)_T = -\left(\frac{\partial}{\partial p}\left(\frac{\partial G}{\partial T}\right)_p\right)_T = -\left(\frac{\partial}{\partial T}\left(\frac{\partial G}{\partial p}\right)_T\right)_p$$
第 2 の等号では微分の順序を変えた. これに (7.38) を代入して
$$\left(\frac{\partial S}{\partial p}\right)_T = -\left(\frac{\partial V}{\partial T}\right)_p$$

☞ (7.7) に戻って, それがどのようにして導かれたかを考えよ.

[問題 9] (7.40) を微分して $dG = N d\mu + \mu dN$. これを (7.41) の左辺に代入して整理すると (7.43) が得られる.

[問題 10] (7.47) の両式の差をとると $S_{mA} dT - V_{mA} dp = S_{mB} dT - V_{mB} dp$ となるので, $(V_{mB} - V_{mA}) dp = (S_{mB} - S_{mA}) dT$.
$$\therefore \quad \frac{dp}{dT} = \frac{S_{mB} - S_{mA}}{V_{mB} - V_{mA}}$$

[問題 11] 例題 7 の結果より,
$$\frac{\Delta p}{\Delta T} = \frac{dp}{dT} = 3.57 \times 10^3 [\text{Pa/K}]$$

$\Delta T = 1$ とおいて, $\Delta p = 3.57 \times 10^3 [\text{Pa}] = 0.035 [\text{atm}]$. この計算によれば, 高圧鍋の内部の圧力を 2 気圧にすると, 沸点は 128℃ ほどになる.

☞ 直前の例題 7 に戻って考えよ.

[問題 12] この場合, $\Delta T = 1 [\text{K}]$, $\Delta p = 626 [\text{Pa}]$ であり,
$$\frac{\Delta p}{\Delta T} = \frac{dp}{dT} = 626 [\text{Pa/K}]$$

また, 50℃, 12345 Pa での水蒸気 1 mol の体積は
$$V_m = \frac{8.31 \times 323}{12345} = 0.217 [\text{m}^3/\text{mol}]$$

で, これは水 1 mol の体積よりはるかに大きく, 水蒸気の体積に比べて, 水の体積は無視してよい. したがって, (7.50) の ΔV_m は
$$\Delta V_m \cong V_m = 0.217 [\text{m}^3/\text{mol}]$$

よって, (7.51) より,

$$L_\mathrm{m} = T\,\Delta V_\mathrm{m}\frac{dp}{dT} = 323 \times 0.217 \times 626 = 4.40 \times 10^4 [\mathrm{J/mol}]$$
$$= 1.05 \times 10^4 [\mathrm{cal/mol}] = 583 [\mathrm{cal/g}]$$

☞ 7.5.3 節に戻り，読み直して考えよ．

第 8 章

［問題 1］ (8.7) は正の量で表された関係式なので，正しくは $Q_1/T_1 = |Q_2|/T_2$. Q_2 が負の量なので，$Q_2 = -|Q_2|$. これを上の式に代入すると $Q_1/T_1 = -Q_2/T_2$.

$$\therefore\ \frac{Q_1}{T_1} + \frac{Q_2}{T_2} = 0$$

［問題 2］ $E = F + TS$ を微分して $dE = dF + T\,dS + S\,dT$. これを (8.23) に代入して整理すると $dF \leqq -S\,dT - p\,dV$ (8.24). これに $F = G - pV$ の微分を代入して $dG \leqq -S\,dT + V\,dp$ (8.25).

索　引

エ
液相　9
エンタルピー　44
エントロピー　86
　──生成　143
　──増大の原理　147
　──弾性　100
　混合──　98

カ
化学ポテンシャル　108
可逆過程　21, 138
　不──　21, 139
カルノー・サイクル　66
カルノーの第1定理　78
カルノーの第2定理　142

キ
気化　11
　──熱　11
気相　9
気体定数　5, 15
ギブス – デュエムの関係　125
ギブスの自由エネルギー　109
ギブスの相律　130
凝固点　10
凝固熱　10
局所平衡の仮定　153

ク
クラウジウスの関係式　90
クラウジウスの原理　77
クラウジウスの不等式　146
クラペイロン – クラウジウスの式　132

ケ
経験温度　4

コ
固相　9
ゴム弾性　100
孤立した系　148
混合エントロピー　98

サ
3重点　128
サイクル　30
　カルノー・──　66

シ
示強性状態量　14
ジュール – トムソン過程　122
ジュール – トムソン係数　123
ジュール – トムソン効果　121, 123
ジュールの仕事当量の実験　27
ジュールの法則　55
循環過程　30
準静的過程　19

索引

状態方程式　16
　　ファン・デル・ワールスの――　16
　　理想気体の――　5
示量性状態量　14

セ

潜熱　12
全微分　50

ソ

相　9
　――図　126
　――転移　9, 127
　――平衡　129
　液――　9
　気――　9
　固――　9

タ

第1種永久機関　31
第2種永久機関　78
体膨張率　53
断熱　2
　――過程　45
　――曲線　60

テ

定圧熱容量　52
定積熱容量　51

ト

等圧過程　43
等圧断熱過程　45
等温過程　45
等温曲線　60

統計物理学　156
等積過程　43
閉じた系　148, 150
トムソンの原理　77

ナ

内部エネルギー　7, 29

ネ

熱機関　30
熱の仕事当量　27
熱平衡状態　2
熱容量　8
　定圧――　52
　定積――　51
熱力学第0法則　3
熱力学第1法則　29, 41
熱力学第2法則　77
熱力学的状態量　13
熱力学的絶対温度　5, 82
熱量　7

ヒ

p-V図　60
比熱　8, 52
　モル――　52
非平衡開放系　152
　――の熱力学　153
非平衡現象　139
非平衡状態　3
開いた系　152

フ

ファン・デル・ワールスの状態方程式　16

索引

フィックの法則　153
不可逆過程　21, 139
フーリエの法則　153

ヘ

ヘルムホルツの自由エネルギー　107
偏微分　50

ホ

ポアッソンの法則　58
ボイル-シャルルの法則　4
ボルツマンの関係式　100

マ

マイヤーの関係式　56
マクスウェルの関係式　113, 136

モ

モル比熱　52

ヤ

ヤコビアン　159
ヤコビ行列式　159

ユ

融解熱　10
融点　10

リ

理想気体　5
　──温度　5
　──の状態方程式　5
臨界点　127

ル

ルジャンドル変換　136
ルニョーの法則　57

著者略歴

松下 貢（まつした みつぐ）

1943年 富山県出身．東京大学工学部物理工学科卒，同大学院理学系物理学博士課程修了．日本電子（株）開発部，東北大学電気通信研究所助手，中央大学理工学部助教授，教授を経て，現在，同大学名誉教授．理学博士．

主な著訳書：「裳華房テキストシリーズ – 物理学　物理数学」，「裳華房フィジックスライブラリー　フラクタルの物理（Ⅰ）・（Ⅱ）」，「物理学講義　力学」，「物理学講義　電磁気学」，「物理学講義　量子力学入門」，「物理学講義　統計力学入門」，「力学・電磁気学・熱力学のための　基礎数学」（以上，裳華房），「医学・生物学におけるフラクタル」（編著，朝倉書店），「カオス力学入門」（ベイカー・ゴラブ著，啓学出版），「フラクタルな世界」（ブリッグズ著，監訳，丸善），「生物にみられるパターンとその起源」（編著，東京大学出版会），「英語で楽しむ寺田寅彦」（共著，岩波科学ライブラリー 203），「キリンの斑論争と寺田寅彦」（編著，岩波科学ライブラリー 220），他．

物理学講義　熱力学

	2009年11月25日　第1版1刷発行
	2021年3月15日　第2版1刷発行
	2025年3月25日　第2版3刷発行
著作者	松　下　　　貢
発行者	吉　野　和　浩
発行所	東京都千代田区四番町 8-1 電話　03-3262-9166（代） 郵便番号　102-0081 株式会社　裳　華　房
印刷所	三報社印刷株式会社
製本所	株式会社松岳社

検印省略

定価はカバーに表示してあります．

一般社団法人　自然科学書協会会員

JCOPY〈出版者著作権管理機構 委託出版物〉

本書の無断複製は著作権法上での例外を除き禁じられています．複製される場合は，そのつど事前に，出版者著作権管理機構（電話 03-5244-5088, FAX 03-5244-5089, e-mail: info@jcopy.or.jp）の許諾を得てください．

ISBN 978-4-7853-2232-8

ⓒ 松下　貢, 2009　　Printed in Japan

『物理学講義』シリーズ

松下 貢 著　各A5判／2色刷

学習者の理解を高めるために，各章の冒頭には学習目標を提示し，章末には学習した内容をきちんと理解できたかどうかを学習者自身に確認してもらうためのポイントチェックのコーナーが用意されている．さらに，本文中の重要箇所については，ポイントであることを示す吹き出しが付いており，問題解答には，間違ったり解けなかった場合に対するフィードバックを示すなど，随所に工夫の見られる構成となっている．

物理学講義 力学

236頁／定価 2530円（税込）

物理学のすべての分野の基礎であり，また現代の自然科学・社会科学すべてにかかわる基本的な道具としてのカオスを学ぶためにも不可欠である力学について，順序立ててやさしく解説した．
【主要目次】1．物体の運動の表し方　2．力とそのつり合い　3．質点の運動　4．仕事とエネルギー　5．運動量とその保存則　6．角運動量　7．円運動　8．中心力場の中の質点の運動　9．万有引力と惑星の運動　10．剛体の運動

物理学講義 電磁気学

260頁／定価 2750円（税込）

「なぜそのようになるのか」「なぜそのように考えるのか」など，一般的にはあまり解説がなされていないことについても触れた入門書．
【主要目次】1．電荷と電場　2．静電場　3．静電ポテンシャル　4．静電ポテンシャルと導体　5．電流の性質　6．静磁場　7．磁場とベクトル・ポテンシャル　8．ローレンツ力　9．時間変動する電場と磁場　10．電磁場の基本的な法則　11．電磁波と光　12．電磁ポテンシャル

物理学講義 量子力学入門
― その誕生と発展に沿って ―

292頁／定価 3190円（税込）

量子力学が誕生し，現代の科学に応用されるまでの歴史に沿って解説した，初学者向けの入門書．
【主要目次】1．原子・分子の実在　2．電子の発見　3．原子の構造　4．原子の世界の不思議な現象　5．量子という考え方の誕生　6．ボーアの量子論　7．粒子・波動の2重性　8．量子力学の誕生　9．量子力学の基本原理と法則　10．量子力学の応用

物理学講義 統計力学入門

232頁／定価 2860円（税込）

微視的な世界と巨視的な世界をつなぐ統計力学とはどのように考える分野であるかを，はじめて学ぶ方になるべくわかりやすく解説することを目標にしたものである．
【主要目次】1．サイコロの確率・統計　2．多粒子系の状態　3．熱平衡系の統計　4．統計力学の一般的な方法　5．統計力学の簡単な応用　6．量子統計力学入門　7．相転移の統計力学入門

★ 『物理学講義』シリーズ 姉妹書 ★

力学・電磁気学・熱力学のための 基礎数学

242頁／定価 2640円（税込）

「力学」「電磁気学」「熱力学」に共通する道具としての数学を一冊にまとめ，豊富な問題と共に，直観的な理解を目指して懇切丁寧に解説．取り上げた題材には，通常の「物理数学」の書籍では省かれることの多い「微分」と「積分」，「行列と行列式」も含めた．
数学に悩める貴方の，頼もしい味方になってくれる一冊である．
【主要目次】
1．微分　2．積分　3．微分方程式　4．関数の微小変化と偏微分　5．ベクトルとその性質　6．スカラー場とベクトル場　7．ベクトル場の積分定理　8．行列と行列式

裳華房ホームページ　https://www.shokabo.co.jp/